纯素食料理
创意制作

［日］米泽文雄　著

周浅芒　译

中国轻工业出版社

前　言

我担任厨师长的"The Burn"是一家专门提供炭火烧烤料理的餐厅，最具代表性的是炭火烤肉料理。

那我为什么会写一本"纯素食料理食谱"呢？

当然，我们店里也提供素食菜单，我作为厨师考虑到以下原因。

有些人因为宗教、过敏等原因会有食物禁忌，我希望能给所有人提供可以充分享受的一餐美味。

我开始有这种想法是从在美国纽约进修时开始的。

2002年我到纽约进修，在2007年成为米其林三星的"Jean-Georges"餐厅工作了大约5年。在这家位于曼哈顿上西区的店中，客人来自世界各地，并且大多拥有在高级餐厅用餐的丰富经验，其中就有要求吃素食的客人，他们与吃鱼、肉食的同伴一起用餐。

这样的场景很常见，所以我想成为一位能驾驭各种食物偏好和需求的全能厨师。

在制作纯素食料理时我格外用心，希望能将其制作成让点了肉或鱼的客人感到羡慕、色香味俱全、外观华丽且让人有满足感的料理。

为了制作出这样的料理，我将中南美、中东和东南亚的香料、香草以及自制的调味料和作料巧妙地运用其中。将世界各地的食材都混用到我的菜里，融入各种各样的文化，并做成了纽约式的口感，这种独创性可以说是这本书的亮点之一。

因为同时提供肉食，所以我们对于养殖业所必需的水和饲料问题、温室效应、气体排放问题也并非毫不关心。作为厨师，我认为肉类也是非常有魅力的食材，所以想要继续使用它们做菜。最后，正因为有劳动者提供的蔬菜和肉，我才把它们变为美味的料理。所以希望看到这本书的劳动者们能够感受到"那个蔬菜也能变成这样的料理吗？""正是因为我们种植了蔬菜，他们才能做出这么美味的料理来呀！"如果这能成为一些动力，作为厨师，我没有比这更高兴的事情了。

我想为那些因为各种各样的理由而有"食物禁忌"的人们，提供他们可以享受的美食。我也希望成为能够驾驭食物多样性的料理职人。

目 录

什么是纯素食料理?

纯素食料理完全不使用肉类、鱼类、乳制品、蜂蜜和鱼胶等动物性食材

"Vegan"这个单词据说是英国纯素食协会的创始人之一唐纳德·沃森创造出来的（1944年首次出现），它取自vegetarian（素食者）的前3个字母和后2个字母（veg+an），表示从一而终的素食者，是连乳制品也不吃的素食者的简写，被译为"纯素食主义者"。

和允许摄入鸡蛋、乳制品的素食者不同，纯素食主义者不会吃任何含有动物性食材——肉类、鱼类、乳制品、蜂蜜和鱼胶的食物。这背后包含了一种思想——人类应该在不压榨和剥削动物的情况下生活下去。所以，更加严格、有道德的纯素食主义者不仅在食物上，在其他任何事物上都不会使用动物制品。

然而，近十年间有一种"灵活的纯素食主义"思想正在急剧蔓延。根据动物福利的观点*，偶尔选择纯素食的人数在全世界范围内呈增长趋势。本书也同样不赞成每天的饮食都应该变成纯素食的想法。

如果你希望每天食用纯素食，那么需要在营养方面特别注意。比如多食用富含蛋白质的豆类，并有意识地补充维生素B_{12}，它在海鲜和肉类中含量丰富，但在蔬菜和水果里几乎不存在。所以，通过保健品来补充维生素B_{12}的纯素食主义者非常多。

另外，把纯素食料理看成是减肥餐或排毒餐的人也有很多。纯素食里有许多坚果类、豆类以及添加了大量植物性油脂的食物，所以需要注意，纯素食料理不一定是减肥餐。在日本有精进料理文化，在中国也有吃素菜的素食文化。在印度，因为宗教原因，素食主义者众多，其中有一部分人是纯素食主义者。世界上有很多种纯素食料理，本书介绍的是混合了中南美、中东、东南亚以及日本的食材、香料、香草、调味料的纽约风格多元素纯素食料理，集合了无论哪种风格和业态的餐馆都容易接受的料理。

* 动物福利，是指在饲养过程中，对动物——具有感受的生物将心比心，尽量使其在出生到死亡之间没有压力，且基本的自然需求被满足，并过着健康的生活。（引自日本动物福利畜产协会网站）

制作纯素食料理的关键

　　比起肉类、鱼类或乳制品，不得不说蔬菜的鲜味或味道冲击力较弱。因此制作纯素食料理应当注意以下几点。即需要增添味道或香气，或者浓缩食材，使食物口感更具特征。比如，在甜味中加入酸味后，味道会更强烈；把蔬菜烘干后再制作，其味道或香气会瞬间变得更加浓郁。另外，如果人们体验到了意料之外的口感时，就会记住这种惊艳的感觉。像这样，通过增强食物入口时的冲击力，只用植物性食材也能让食客得到满足感。

- 烤焦
- 烘干
- 利用酸味
- 补充油分
- 使用香草和香料
- 使用有特殊味道和口感的食材

烤焦

**浓缩食材风味、
增添一丝烟熏香味**

　　将火开到最强，把蔬菜放在火上烤至表面炭化。用这个方法烤茄子的话，茄子会变得绵软且入口即化，并且味道更加浓郁，靠近皮的部分会有烟熏的香味。姜汁烤茄子（>P068）和烤茄子泥（>P094）就是运用这个方法制作的。在烤茄子泥中还加入了一些烤焦的茄子皮，更增添了香味。

　　像茄子、番茄这样的蔬菜，表皮烤焦的同时内部却不会被烤焦，所以非常适合这种做法。比起个头不太大的品种，日本千两茄子和黑美人这种个头更大的茄子能够放在火上烤更长时间，味道会更加浓郁。

　　另外圆白菜、大葱等叶类蔬菜和萝卜、胡萝卜、芜菁、牛蒡、甜菜、洋葱等根茎类也适合这种做法。

烘干

水分蒸发的同时，增添其他味道或香味

有一种食材叫半干番茄，它是把番茄放在室外风干，然后在低温烤箱中加热而成的。半干番茄是一个很好的例子，清楚地展示了加热烘干这一做法的效果——番茄水分蒸发后味道变浓。在半干番茄的做法中再加一步可以使味道更浓郁，那就是在烤箱里加热时，在蔬菜表面涂一层调料。

比如烤胡萝卜（>P142），在胡萝卜上涂抹一层橙汁和柠檬汁后再放入烤箱加热，这样在水分蒸发后，味道变浓郁的胡萝卜还会留下橙子和柠檬的甜味、酸味以及香味，让人感觉胡萝卜的味道更加丰富了。制作烤南瓜（>P099）时，加入枫糖浆增加甜味后，南瓜的味道更加突出。

选择能够衬托食材味道的调料涂抹在食材表面即可。

利用酸味

不同种类或使用方法，
能增添料理的前味
和深度

纯素食料理很容易味道寡淡，这时就要好好利用酸味。酸味可以为料理增添前味和深度，比如加入较重的酸味，料理味道会变得更加强烈；和甜味一起组合，料理味道则更加有深度。另外，利用柑橘类水果的香味可以增添料理清凉的感觉。

醋和柑橘类水果有很多种类，把握每一种酸味的个性和特征并区别使用非常重要。

使用醋类

把醋按照酸味、甜味的柔和（或强烈）度区分其特性，能更加方便使用。

比如苹果醋的酸味很柔和，很适合加入像"灌木"鸡尾酒这样的饮料中；米醋或谷物醋一般来说酸味比较强，其中有鲜味但酸味并不刺激的会比较好用；覆盆子果醋有醇厚的甜味，在料理中加入一点儿可以使味道更丰满；长期熟成的巴萨米克醋或雪利醋拥有浓郁的甜味，在冬季的料理中放入一点儿后可以让味道更有温度。

另外，在醋里加糖也会使味道更加浓厚和丰满，可以记住这个用法。

常用的醋

☐ 红葡萄酒醋

☐ 苹果醋

☐ 巴萨米克醋

☐ 雪利醋

☐ 覆盆子果醋

☐ 蜂蜜醋

☐ 卡曼橘果醋

☐ 米醋

使用柑橘类水果

柑橘类水果的果汁富含维生素C、柠檬酸等，和醋一样能够给美食增添酸味，其特有的香味也有非常大的魅力。柠檬和青柠虽然都具有清凉感，但味道略有不同。不同品种的橘子也都有其特有的香味，比如使用卡曼橘这一广泛分布于东南亚的柑橘，增添的香味让人能够联想到东南亚风情。

除了直接使用果汁和果肉以外，还可以把整个水果用盐或砂糖腌制，制成腌制水果（>P023）。如果把水果切碎放进料理中，不仅是酸味，还可以同时加进甜味、咸味以及柑橘独有的苦味。

常用的柑橘类水果

☐ 柠檬

☐ 青柠

☐ 墨西哥青柠

☐ 醋橘

☐ 澳洲指橘

☐ 橙子

补充油分

有意识地使用植物性油脂，增强味道的醇厚度

如何在不使用肉类或乳制品的情况下，表现出料理的鲜味或浓郁味道呢？这是纯素食料理里最大的课题。其中一个方法就是有意识地使用植物性油脂——在出锅前淋上一层油，将食材过油炸，或使用油分多的食材。

使用液体油时，可以根据香味的强弱选择适合的油。如果不需要强烈香味的话，可以选择葡萄籽油；想在香味里增添一丝特色的话，可以选择椰子油。另外，油分多的食材有坚果、芝麻、椰子等。

油炸

　　油炸可以使食物脱水的同时浓缩味道，并且吸收油分，使其风味加深，味道的冲击力加强。乌冬面（>P101）里面加入油炸过的蘑菇碎，非常鲜美，让人联想到是否真的放进了肉末。

　　另外，油炸以后食材的表面会变得较脆，如果把油炸过的洋葱或根菜类食材倒进沙拉里，就能增加沙拉的口感和油分带来的醇厚感。

油炸洋葱

油炸杂蔬

淋油

　　在最后一道工序时淋一点儿油，可以简单高效地给料理带来醇厚感和香味。但是，这要比制作非纯素食料理时更加注意加入的量。如果油太多了，食材表面裹上一层油，味道就会被遮掩。

　　淋油时一般使用特级初榨橄榄油，但是像茴香沙拉（>P027）中使用的摩洛哥坚果油那样，考虑好和食材的搭配，加入特殊的香气后味道会更加和谐。

使用油分多的食材

　　坚果因其具有特殊的香味和丰富的油分，纯素食料理里经常会使用它。将坚果整个放入，料理就会具有坚果的特殊口感。如果把坚果放进搅拌机搅碎，就可以做成口感浓稠的酱料。腰果的味道比较淡，但是加热后会产生很强的黏度，最适合用来做纯素芝士（>P030）。

　　用生的白芝麻做成的中东芝麻酱具有浓厚的口感，作为调味酱料最适合。还有像牛奶一般的椰奶，家里如果有椰奶、椰子奶油、椰丝等，做饭会更加方便。

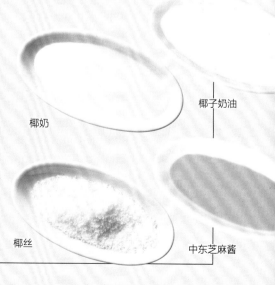

椰子奶油

椰奶

椰丝

中东芝麻酱

使用香草和香料

**常用的
新鲜香草**

1. 罗勒
2. 莳萝
3. 柠檬草
4. 欧芹
5. 百里香
6. 泰国柠檬叶
7. 香菜
8. 茴香
9. 迷迭香
10. 薄荷

**做出丰富且复杂的香味，
留下强烈又浓厚的印象**

香草或香料用在肉或鱼料理中的目的是减少异味，而用在蔬菜上是为了增加其香味。香味丰富又复杂，会让料理味道变得不可思议地强烈而浓厚，为食客留下更深的印象，并获得满足感。

印度西部倾向于使用干香料，东部则更多使用新鲜香草，有些场合会将这二者混合使用，以产生新的香味和味道。

使用香草

蔬菜或豆类和新鲜的香草很好搭配，所以本书中很多地方都使用了新鲜香草。有像莳萝或欧芹这样加热后香味会变化的香草，也有迷迭香或百里香这样即使加热香味也一直持续的香草，可以根据用途分开使用。

柠檬这样的柑橘类水果表皮没有酸味，仅仅只是香味，可以看成是香草的一种。

使用香料

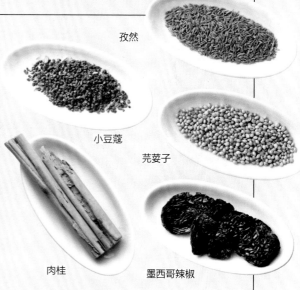

香味会给美食味道带来很大影响，比如甜香味会让人联想到甜味或浓厚感，放进味道没什么冲击力的纯素食料理中会效果明显。有甜香味的香料有八角、丁香、小豆蔻、肉桂等。

另外，带有辣味的香料本书会使用辣椒粉、烟熏甜辣椒粉、辣椒片以及用干燥红辣椒熏制而成的墨西哥辣椒。辣味按照这个顺序依次增强，本书中会按照辣味分开使用。

孜然

小豆蔻

芫荽子

肉桂

墨西哥辣椒

使用带有酸味的香草和香料

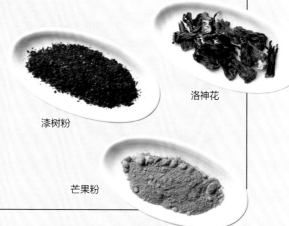

有一部分干香料带有和醋或柑橘类不太一样的酸味，比如中东等地区的料理中常见的漆树粉，它是把漆树科植物的果实磨成的粉末，有类似干燥红紫苏的酸味。另外，芒果粉是把尚未成熟的芒果晒成干后磨成的粉，具有独特的甜味和强烈的酸味，它在印度菜里经常被用到。洛神花（非观赏）里含有很多柠檬酸，和柑橘的酸味很像。

漆树粉

洛神花

芒果粉

使用有特殊味道和口感的食材

巧妙使用特殊食材，带来不同效果

这里介绍一些制作纯素食料理时非常便利的食材，和在家就能自制的配料，每种的味道或口感都各具特色，巧妙地运用它们能够带来味觉上的冲击和满足感，即使是把它们加进以蔬菜或豆类为主的料理里。自制的配料非常简单，一定要做做看。

方便使用的食材

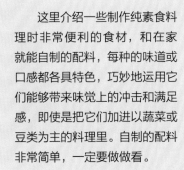

鹰嘴豆

鹰嘴豆是纯素食料理里最常用的食材之一，纯素食的代表菜——鹰嘴豆泥（>P094）、炸豆丸子（>P041、>P114）就使用了鹰嘴豆作为食材。煮熟以后加进沙拉、汤、炖菜里都是不错的选择。

布格麦

布格麦是将硬粒小麦蒸熟或煮沸后碾磨而成的，因为外皮和胚芽都保留了下来，所以膳食纤维和矿物质非常丰富。常见于中东、欧洲和印度料理。

翡麦

翡麦是由未成熟、绿色的硬粒小麦经过烘烤并去皮、粉碎而成的，一般煮熟后食用。有淡淡的甜味和香味，最适合和孜然搭配。常见于土耳其、黎巴嫩周边地区和北非料理。

车轮面筋

车轮面筋是烤熟了的、加入小麦粉的麸质，本身没有特别强烈的味道，所以能够做出各种各样的味道。在日本精进料理中，有一道类似红烧肉的红烧车轮面筋。车轮面筋和甜味搭配很和谐，可以用来做甜点（>P155）。

素肉

素肉是以大豆为原料的人造肉，其大小不一，有些是可以一口吃掉的大小，有些像肉馅一样细。本书使用的素肉是加入了玄米、抑制了大豆香味的蛋白素肉（>P030、P084）。

菰米

菰米是多年生草本植物菰的颖果，和大米不是同一种米，味道比籼米更具香味，能让人联想到坚果的味道。可以用电饭锅蒸熟，将其煮熟后加进沙拉或汤里也非常不错。

自制的配料

奇亚籽

奇亚籽是薄荷类植物茛欧鼠尾草的种子。浸入水中时，其表面的膳食纤维会吸水并变成胶冻状。在椰奶中浸泡过的奇亚籽布丁是纽约的经典早餐。

爆米花

爆米花可以为菜肴增添独特的香味、质感、咸味和趣味性。可以直接使用它，也可以略压碎后撒在菜肴上。搭配调味料后十分有趣。

角豆糖浆

角豆味道很像巧克力，磨成粉的角豆具有很强烈的味道，而干燥后连同豆荚一起浸泡在水中制成的糖浆则具有柔和的香气和甜味。

黑橄榄酱

将黑橄榄放进烤箱中烘干，与橄榄油混合制成酱，可用作酱料或调味料。

材料和做法>P044

腌红洋葱

用醋和糖浆腌制，也可以用作调味料。可以通过更改醋的种类来改变其风味。

材料和做法>P026、P058、P068、P071

格兰诺拉麦片

除大麦外，还含有许多坚果和辣椒片，带有一点儿辣味。可以用作沙拉的配料。

材料和做法>P088

烤洋葱汁

将带皮烤过的洋葱水煮，并加入雪利酒醋。适合作为任何食物的调味料。

材料和做法>P114

墨西哥辣椒酱

主要的食材是墨西哥辣椒（干燥并熏制过的辣椒）和杏仁。味道类似有烟熏味和辣味的蛋黄酱。

材料和做法>P122

花生酱

用红糖、盐、葡萄籽油和花生烤制而成。作为酱料被广泛使用。

材料和做法>P132

红辣椒杏仁酱

材料（易做的量）
红辣椒…120克
红万愿寺辣椒…40克
墨西哥辣椒（生）…5克
杏仁片（生）…160克
黄瓜…145克
大葱…100克
蒜片…15克
姜…15克
柠檬皮碎…5克
特级初榨橄榄油…150毫升

做法
❶ 将橄榄油倒入煎锅中，放入切成薄片的大葱和蒜加热。
❷ 大葱和蒜片稍上色后停止加热，冷却。
❸ 将步骤❷的材料和剩余食材（杏仁片需要先烤一下）混合，放进搅拌机里打成酱。

阿根廷香辣酱

材料（易做的量）
欧芹…20克
香菜…80克
蒜…3克
红辣椒…1克
特级初榨橄榄油…200毫升
盐…4克
柠檬汁…45毫升
柠檬皮碎…2个的量

做法
❶ 将欧芹和香菜放进热水里焯一下。
❷ 将红辣椒干烧一下。
❸ 将步骤❶和步骤❷的材料、蒜、橄榄油和盐一起放进搅拌机中搅成酱。
❹ 加入柠檬汁和柠檬皮碎搅拌。

哈里萨辣酱

材料（易做的量）
红辣椒…100克
蒜…20克
芫荽子…10克
孜然…10克
茴香子…10克
丁香…1克
特级初榨橄榄油…400毫升
盐…5克

做法
❶ 将红辣椒和蒜切碎。
❷ 将步骤❶的材料、芫荽子、孜然、茴香子和丁香放进搅拌机搅碎。
❸ 锅中倒入橄榄油，加入步骤❷的材料并用小火加热，香料无须变色并将气味转移至油中。加盐调味。

白芝麻酱

材料（易做的量）
白芝麻糊（生）…60克
豆奶酸奶…65克
柠檬汁…15毫升
盐…2克
水…40毫升

做法
将所有材料混合，可加水调整浓度。

杜卡

材料（易做的量）
杏仁…70克
白芝麻…3克
芫荽子…25克
孜然…10克
茴香子…3克
牛至…3克
盐…3克

做法
将所有材料混合后用搅拌机搅碎。

纯素蛋黄酱

材料（易做的量）
杏仁片（生）…125克
柠檬汁…52.5毫升
葡萄籽油…150毫升
水…200毫升
盐…8.5克

做法
❶ 将葡萄籽油以外的材料（杏仁片需要烤一下）一起放进搅拌机，搅拌成糊。
❷ 边搅拌边加入葡萄籽油，搅拌均匀。
❸ 倒入滤网过滤。

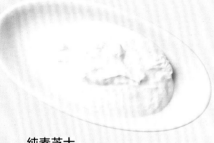

纯素芝士

材料有腰果、柠檬汁、盐和水。因为有像普通芝士一样的醇厚感，除了直接使用，还可以制成酱料。

材料和做法>P030

豆奶酸奶

材料（易做的量）
豆奶油…200毫升
柠檬汁…30毫升
蒜碎…2克
盐…1.5克

做法
将所有材料放进碗中，用奶油发泡器搅打均匀。

腌柠檬

材料（易做的量）
柠檬…10个
砂糖…800克
盐…400克

做法
❶ 柠檬去皮。
❷ 将步骤①的材料放入沸水中煮5分钟。
❸ 将步骤②的材料切成适当大小，涂上砂糖和盐。
❹ 放入容器中，放进冰箱冷藏2周，充分腌制（每隔5天翻一次面）。

腌橘子

材料（易做的量）
橘子…10个
砂糖…800克
盐…400克

做法
❶ 橘子去皮。
❷ 将步骤①的材料放入沸水中煮5分钟。
❸ 将步骤②的材料切成适当大小，涂上砂糖和盐。
❹ 放入容器中，放进冰箱冷藏2周，充分腌制（每隔5天翻一次面）。

SPRING

✿ 橄榄油蚕豆泥配烤蚕豆

传统的鹰嘴豆泥是用鹰嘴豆、生白芝麻糊、蒜、橄榄油和柠檬汁一起搅拌成糊的阿拉伯料理，可以用面包和蔬菜蘸着吃，也可以作为三明治酱料。这里是用蚕豆制作的，充分激发出甜味和醇厚口感的一道春天的前菜。

材料（易做的量）

蚕豆泥
蚕豆…200克
甘蓝…50克
蒜…3克
白芝麻酱…30克（>P022）
特级初榨橄榄油…25毫升
盐…2克

烤蚕豆
蚕豆…100克

蒜香吐司
面包…适量
蒜泥…适量
特级初榨橄榄油…适量

装饰
特级初榨橄榄油…15毫升
薄荷…适量
微叶菜（金莲花）…适量
可食用花卉（西洋菜花、芝麻菜花）…适量

做法

蚕豆泥

❶ 蚕豆去皮后放入水中，加盐煮熟。去掉薄衣，留一部分蚕豆在最后装饰时使用。

❷ 将甘蓝焯水后放入冷水，沥干后切成适当大小。

❸ 将步骤❶、步骤❷的材料和其他材料一起放入搅拌机，搅至只剩下少许颗粒。

烤蚕豆

❶ 蚕豆去皮后放入水中，加盐煮熟，去薄衣。

❷ 加热煎锅，放入蚕豆大火烘烤至表面微焦。

蒜香吐司

❶ 将面包切成方柱形。在一侧涂抹橄榄油，抹蒜泥。

❷ 放在火上烤出香味。

装饰

❶ 在盘子上将蚕豆泥倒成一圈，在中间放上烤蚕豆和留出的蚕豆泥。

❷ 将橄榄油倒入鹰嘴豆泥中央，放薄荷、微叶菜和可食用花卉，搭配蒜香吐司。

材料（1人份）
墨西哥薄馅饼（市售）…1块
纯素芝士…30克（>P030）
芒果…1/5个
菠萝…1/10个
猕猴桃…1/2个
覆盆子…1个
烤杏仁…适量

腌红洋葱…适量
（以下是易做的量）
红洋葱…1/2个
腌泡汁
 红葡萄酒醋…50毫升
 接骨木花糖浆…50毫升
 柠檬汁…50毫升
 砂糖…30克

薄荷…适量
干木槿花…适量
盐…适量

☆ 早餐塔可

这道菜将位于纽约的墨西哥餐厅提供的、加入了豆类和大米的塔可加工成了早餐。它在墨西哥薄馅饼上摆放了腰果做的纯素芝士、水果和腌红洋葱，再撒上让这道菜更具风味的干木槿花碎。

做法
① 将芒果、菠萝和猕猴桃分别切小块。将覆盆子掰成两半，烤杏仁掰成适当大小。
② 用煎锅将墨西哥薄馅饼加热至散发香味（不需要用油），然后铺上纯素芝士。放上步骤①的材料和腌红洋葱（后述）。
③ 撒上薄荷、干木槿花和盐。

腌红洋葱
① 将红洋葱顺着纤维切片。
② 锅里倒入腌泡汁材料煮沸，然后使其完全冷却。
③ 将腌泡汁倒入洋葱中搅拌。

☆ 茴香沙拉配龙蒿、油醋汁和杏仁

生茴香拌入以芥末、柠檬汁和橙汁制成的沙拉酱，最后放摩洛哥
坚果油和杏仁片，增加其醇厚感和香味。

材料（易做的量）

茴香（根部）…1/4个
龙蒿…适量
穿叶春美草…适量

沙拉酱…适量
（以下是易做的量）

第戎芥末酱…30克
颗粒芥末酱…50克
柠檬汁…50毫升
橙汁…50毫升
蒜末…2克
特级初榨橄榄油…40毫升

葡萄籽油…100毫升
盐…5克

橘子皮…1/5个
杏仁片…1小撮
茴香子…适量
摩洛哥坚果油…少许

做法

① 将茴香顺着纤维切成片，放入冷水浸泡10分钟后捞出。
② 将步骤①的材料、切好的龙蒿和穿叶春美草一起装盘。
③ 往步骤②的材料上倒一圈充分搅拌好的沙拉酱，撒上削成小片的橘子皮、杏仁片和茴香
　子，再淋摩洛哥坚果油。

☆ 欧防风脆片配椰奶

用烤箱将欧防风烤脆，再加入带有柠檬草和青柠叶香味的冷椰奶。麦片中包含裹上了枫糖浆后烤脆的大麦、杏仁、椰子粉和葡萄干。

材料（易做的量）

欧防风脆片
欧防风…1根

椰子麦片
大麦…30克
椰子粉…30克
南瓜子…30克
炒杏仁…50克
金葡萄干…20克
枫糖浆…30毫升
盐…2克

椰奶
纯椰奶…300毫升
柠檬草…1根
青柠叶…2片
青柠汁…10毫升
枫糖浆…20毫升

装饰
微叶菜（旱金莲）…1片
可食用花卉（庭荠）…适量

做法

欧防风脆片
① 欧防风去皮，用削皮器削成意大利面的形状。
② 将步骤①的材料放入沸水中稍煮片刻。
③ 将步骤②的材料放在烤盘上铺平，放入烤箱，140℃加热约1小时40分钟，使其干燥。

椰子麦片
① 将所有食材放入碗中，拌匀。
② 将步骤①的食材放在烤盘上铺平，放入烤箱，180℃加热5分钟后取出，将结块处略拌开。重复相同的步骤两三次，共加热10～15分钟。
③ 冷却后捣碎，放入储存容器中（添加除湿剂可在室温下储存约10天）。

椰奶
① 将柠檬草切成2厘米宽的条，青柠叶切碎。
② 将步骤①的材料和其他材料一起放入锅中加热，煮沸前调小火，让柠檬草的香味散发出来。
③ 将步骤②的材料放入搅拌机稍搅拌（使其更容易散发香味）。
④ 冷却并过滤后放入冰箱冷藏。

装饰
将欧防风脆片和椰子麦片放入碗中，倒入椰奶，用微叶菜和可食用花卉装饰。

将腰果用热水浸软，加入柠檬汁和盐，搅拌成泥，沥干水分。坚果中香味最高级的腰果最合适制作。如果不滤水，可用作纯素奶油。

材料（易做的量）
腰果…150克
盐…2克
柠檬汁…20毫升
水…适量

做法
① 将腰果放入碗中，加适量热水没过腰果，浸泡1小时左右至水变成常温，沥干。
② 将步骤①的材料、盐和水混合后放进搅拌机中，搅拌至浓稠且丝滑（高速搅拌，利用搅拌机的摩擦热）。
③ 加入柠檬汁，再次搅拌均匀。
④ 在过滤盆上铺一层纱布，缓慢倒入步骤③的材料。然后把布折起来，在上面放一块较轻的物体，放入冰箱，沥干（沥干程度视用途而定，可以调整时间，约一整晚较好）。

☆ 素肉配纯素墨西哥薄馅饼片

西班牙辣豆酱里用了大豆做的素肉，预处理时用水洗可完全去除大豆的异味，之后混入香味蔬菜、番茄和香料的风味和香气。纯素芝士酱是由纯素芝士、杏仁奶和柠檬汁混合而成的。

材料（易做的量）

西班牙辣豆酱
素肉…50克（>P084）
红芸豆…适量
辣椒…3个
洋葱…$1^1/_2$个
芹菜…2根
蒜…5片
香料
　辣椒粉…50克
　烟熏甜椒粉…8克
　茴香子…5克
　干牛至…5克
啤酒…350毫升
番茄…2个
水煮番茄…500克
番茄酱（市售）…10克
辣椒酱（市售）…适量
特级初榨橄榄油…适量
盐…5克
黑胡椒…适量

萨尔萨辣酱
番茄…1个
红洋葱…1/4个
欧芹…适量
香菜…适量
柠檬汁…15毫升
特级初榨橄榄油…25毫升
盐…2克

纯素芝士酱
纯素芝士…50克（>左）
杏仁奶…80毫升
柠檬汁…适量

墨西哥薄馅饼片
墨西哥薄馅饼（市售）…4~5张

装饰
牛油果…1/2个
香菜苗…适量
欧芹…适量

做法

西班牙辣豆酱
① 将辣椒、洋葱、芹菜和蒜切碎。
② 将橄榄油倒入锅中，放入蒜碎炒出香气，加入步骤①的其他材料，炒至变色。
③ 平底锅中倒入橄榄油，用香料将素肉炒熟。
④ 将步骤③的材料和啤酒倒入步骤②的锅中，微微煮沸。
⑤ 加入切成小块的番茄、水煮番茄和番茄酱，煮至水分蒸发一部分。
⑥ 加入盐、黑胡椒和辣椒酱调味。
⑦ 加入红芸豆，小火煮约1.5小时。

萨尔萨辣酱
① 番茄去蒂和子后切小块，红洋葱切小块，欧芹和香菜切碎。
② 将步骤①的材料和其他材料一起放入碗中，搅拌均匀。

纯素芝士酱
将所有食材放入碗中，用奶油发泡器搅匀。

墨西哥薄馅饼片
① 将墨西哥薄馅饼切成三角形。
② 在180℃的油中炸两三分钟。

装饰
① 将牛油果去皮和子后切成适口大小。
② 再将墨西哥薄馅饼片切成薄片，抹西班牙辣豆酱、萨尔萨辣酱、纯素芝士酱，放牛油果、香菜苗和欧芹。

☆ 芦笋丝沙拉配莳萝

这道菜充分体现了绿色芦笋的脆爽。芦笋切段并煮沸后放入冰箱冷却，不要将其放入冷水中，这样可以增强口感，而且不会错过任何鲜美的味道。

材料（易做的量）
绿芦笋…3根
莳萝…3克
柠檬皮碎…适量
特级初榨橄榄油…15毫升
盐…1撮
可食用花卉（芦笋花、庭荠）…适量
辣椒片…1撮

做法
① 将绿芦笋去皮后切成5厘米长、两三毫米厚的段。
② 将芦笋段放入沸水中焯约15秒，留下脆脆的口感。沥水后铺在餐盘上，立即放入冰箱冷却。
③ 在碗中将步骤②的材料、莳萝、柠檬皮碎、橄榄油和盐混合均匀。
④ 盛盘，装饰上可食用花卉并撒上柠檬皮碎和辣椒片。

☆ 索卡咸饼配洋蓟脆片和柠檬

索卡咸饼是法国尼斯的特色料理，在意大利北部也有类似的美食。它是烘烤面团后制成的薄煎饼，面团中混合了鹰嘴豆粉、橄榄油、水和盐，味道简单、朴素。这里加入了迷迭香和孜然粉，烘烤后与洋蓟脆片混合。柠檬汁可增加酸度和汁水，可以代替酱汁。除了作为零食和简餐，还可以做成有趣的菜肴。

材料（易做的量）

索卡咸饼
鹰嘴豆粉…120克
蒜泥…1克
迷迭香…2克
孜然粉…少许
水…100毫升
盐…2克
特级初榨橄榄油…20毫升

洋蓟脆片
洋蓟…1个

装饰
柠檬皮…适量
欧芹…适量
烟熏甜椒粉…适量
柠檬…1/4个

做法

索卡咸饼
① 将橄榄油以外的其他材料倒入碗中，搅拌均匀。
② 根据煎锅的形状和大小将食材厚度调整至5毫米。
③ 将橄榄油倒入煎锅中，小火烘烤步骤②的材料至两面都呈金黄色。

洋蓟脆片
① 切掉洋蓟茎，剥去花萼，切掉上部2/3，并除去下部（可食部分）表面的叶子、坚硬的部分和中央的纤毛等。
② 在180℃的油中炸至金黄色。

装饰
① 将索卡咸饼切块，与洋蓟脆片在盘中交替堆叠。
② 柠檬去皮后放入盘中，撒上切碎的欧芹和烟熏甜椒粉，装饰上擦碎的柠檬皮丝。

☆ 蘑菇片配柠檬果酱、百香果和藜麦

通常出现在意大利开胃菜中的蘑菇和帕马森干酪这次被制作成纯素食，混合了煮熟并油炸过的藜麦、新鲜百香果和柠檬果酱，增添了米饭的甜味和黏度。香浓、清爽的酸味和一丝甜味交叠在一起，形成了浓郁深厚的口味。这也是无麸质美食之一。

材料（易做的量）
褐菇…3个
藜麦…适量

柠檬果酱
腌柠檬…1个（>P023）
大米糖浆*（市售）…200毫升

百香果…1/4个
欧芹…适量
柠檬皮…适量
特级初榨橄榄油…15毫升
盐…适量
黑胡椒…适量

* 将大米水解后提取大米的甜味，
  味道像甜酒。

做法
❶ 将褐菇切成5毫米厚的片。
❷ 藜麦煮熟后沥干，放入220℃的油中炸。
❸ 在盘子上抹上柠檬果酱（后述），倒入步骤①的材料，淋橄榄油，然后放上步骤②的材料。撒上百香果的子、切碎的欧芹、盐、黑胡椒和擦碎的柠檬皮。

柠檬果酱
混合所有材料，用搅拌机搅拌成泥。

材料（易做的量）
甘蓝…40克
薄荷…3克
墨西哥辣椒…适量

沙拉酱
第戎芥末酱…30克
芥菜籽…50克
柠檬汁…50毫升
橙汁…50毫升
蒜泥…2克
葡萄籽油…100毫升
特级初榨橄榄油…40毫升
盐…5克

脆片装饰
姜…50克
牛蒡…1/2根
土豆…1个
腰果碎…30克
白芝麻…20克

☆ 有机甘蓝沙拉配脆片

甘蓝富含维生素、矿物质和人体必需的氨基酸，属于营养价值较高的蔬菜，因此我从很早前就开始制作这道沙拉。墨西哥辣椒柔和的辣味和薄荷的清凉感有所不同，炸姜、炸牛蒡和炸土豆的酥脆质地和香气增强了这道沙拉的风味，还利用了橙汁和芥末酱的酸味来提味。

做法
① 将甘蓝和薄荷切成适口大小，墨西哥辣椒切薄片。
② 将步骤①的材料放入碗中，倒入沙拉酱（后述）。
③ 盛盘后放入脆片装饰（后述）。

沙拉酱
① 在碗中放入油以外食材，充分混合。
② 倒入葡萄籽油和橄榄油，充分搅拌使其乳化。

脆片装饰
① 用芝士刨丝器将姜、牛蒡和土豆连皮一起削成丝。
② 用180℃的油将步骤①的材料炸至金黄色。
③ 将步骤②的材料与腰果碎和白芝麻拌匀。

大葱…1根

腰果奶油（以下材料1/3的量）
腰果…100克
水…200毫升
盐…少许

蒜…1/2片
香料粉
| 烟熏甜椒粉…1撮
| 咖喱粉…1撮
欧芹…适量
特级初榨橄榄油…适量
盐…适量
黑胡椒…适量

☆ 葱面条配腰果奶油

将大葱切成薄片，在盐水中煮，拉伸其纤维，然后用冰水冷却，
成品看起来像意大利面。腰果奶油是由腰果、水和盐搅拌而成，
拥有奶油一样的味道。最后撒上烟熏甜椒粉和咖喱粉增添香味。

做法

① 大葱去皮，切约5毫米宽的片。仅选择直径较大的大葱，然后用刀将大
   葱的一部分切成面条状。

② 烧一锅开水，加盐（盐浓度为1.2%），放入步骤①的材料煮约30秒，
   然后放入冰水充分冷却后沥干。

③ 将橄榄油和切碎的蒜放入平底锅中加热。当蒜味散发出来时加入步骤②
   的材料，大葱变热后加入腰果奶油（后述）煮沸。

④ 将步骤③的材料盛盘后撒上香料粉、切碎的欧芹和黑胡椒。

腰果奶油
混合所有材料后用搅拌机搅打成光滑的奶油，用过滤网过滤。

材料（易做的量）

春豆
豌豆…10克
蚕豆…20克
豇豆…5克

牛油果酱
牛油果…2个
豌豆…45克
大葱…1/4根
墨西哥辣椒…少许
柠檬汁…30毫升
特级初榨橄榄油…30毫升
盐…适量

装饰
菊苣（红色、黄色）…各1/4个
可食用花卉（芦笋花、庭荠、细香葱）…
适量

☆ 春豆配牛油果酱和菊苣沙拉

将春意盎然的豆类（如豌豆、蚕豆和豇豆）与牛油果酱（由牛油果、墨西哥辣椒和柠檬汁混合而成）搅拌均匀，再放上几片菊苣就完成了。

做法

春豆
① 将豌豆、蚕豆和豇豆分别煮熟。
② 将豌豆和蚕豆放入冰水中冷却后沥干，剥去蚕豆的外皮。将豇豆盛入盆中冷却，切成2厘米长的段。

牛油果酱
① 去掉牛油果的皮和子，切成适口大小。
② 豌豆去豆荚后放入盐水中煮熟，用刀切碎后剁成泥。
③ 将大葱和墨西哥辣椒切碎。
④ 将所有材料放入碗中，搅拌均匀。

装饰
将牛油果酱盛盘，撒上春豆，用可食用花卉装饰，旁边放菊苣。建议在菊苣上放春豆和牛油果酱食用。

☆ 绿芦笋沙拉配墨西哥辣椒酱

将绿芦笋加盐煮熟，然后烘烤，再加上自制的麦片、爆米花和油煎面包丁。由熏制的辣椒与芥末、苹果醋、枫糖浆等混合制成的辣椒酱是这道料理的关键。

材料（易做的量）
绿芦笋…2根
墨西哥辣椒酱…50克（>P122）
格兰诺拉麦片…40克（>P088）
油煎面包丁…适量
爆米花…适量
樱桃鼠尾草花…适量
特级初榨橄榄油…适量
盐…适量

做法
❶ 绿芦笋去皮，将一半绿芦笋用盐水煮熟，剩余绿芦笋表面抹橄榄油、撒盐后在火上烤至变色。
❷ 将绿芦笋都切成5厘米长的段，然后再垂直切成两半。
❸ 在盘中铺上墨西哥辣椒酱，放入绿芦笋、麦片和油煎面包丁，用爆米花和樱桃鼠尾草花装饰。

✿ 炸豆丸子配自制哈里萨辣酱

炸豆丸子是一道中东料理，是将压碎了的鹰嘴豆或蚕豆混合香料后油炸而成。酱料来源于北非的哈里萨辣酱（由辣椒和香料制成），自制的原因是我更注重香味而不是辣味。

材料（易做的量）
炸豆丸子…适量（>P041）

蚕豆泥
蚕豆…200克
甘蓝…40克
墨西哥辣椒…少许

特级初榨橄榄油…40毫升
盐…2克

装饰
哈里萨辣酱…适量（>P022）
香菜苗…适量

炸豆丸子的做法

做炸豆丸子的关键在于，不管哪种豆子，最好将其压碎而不是磨成光滑的泥。传统是将其做成奖牌形状，这里做成了椭圆形。可以如图3所示的状态冷冻保存。

材料（易做的量）
蚕豆…100克
鹰嘴豆（水煮）…100克
洋葱…200克
香菜…20克
蒜…5克
芫荽子…5克
孜然…3克
玉米粉…15克
盐…2克

做法
① 蚕豆去豆荚，洋葱切小块，香菜切碎。
② 将所有食材用料理机略打碎。
③ 用2把勺子将步骤②的材料做成椭圆形。
④ 将步骤③的食材放入180℃热油中炸3~5分钟。

做法

蚕豆泥
① 去掉蚕豆的豆荚，用盐水煮熟后剥去薄衣。
② 将甘蓝煮熟后浸入冷水中冷却，沥干后切成适口大小。
③ 用搅拌机将蚕豆泥的所有材料打成泥（混入空气后质地更轻盈）。

装饰
将蚕豆泥涂在盘子上，在上面倒入炸豆丸子，放上香菜苗，在盘边倒上哈里萨辣酱。

☆ 香烤芥蓝配烟熏甜椒粉

酱料是用白芝麻糊和豆奶酸奶混合制成的，加入来自埃及的调味料杜卡（由杏仁、芫荽子、孜然压碎而成）可以给这道料理增添特别的风味。

材料（易做的量）
芥蓝…1棵
白芝麻酱…40克（>P022）
杜卡…10克（>P022）
烟熏甜椒粉…适量

做法
❶ 将整棵芥蓝包裹2层铝箔纸。
❷ 放入烤箱中，250℃烘烤1.5小时。
❸ 将芥蓝切成适口大小后装盘，放入白芝麻酱、杜卡和烟熏甜椒粉。

材料（易做的量）
绿芦笋…3根
特级初榨橄榄油…适量
盐…适量

薄荷风味豌豆泥
豌豆…50克
薄荷…3克
墨西哥辣椒…少许
砂糖…3克
盐…1克

墨西哥辣椒…少许
薄荷…5克
青柠皮…适量

☆ 炭烤芦笋配薄荷风味豌豆泥

炭烤绿芦笋的香气与豌豆特有的甜味结合。将豌豆加盐煮熟后与薄荷、墨西哥辣椒混合制成酱，有着清爽的口感和温和的辣味，为这道菜带来些许改变。

做法
① 绿芦笋去皮，表面涂抹橄榄油并撒盐，等其渗入绿芦笋中，然后放在木炭上，将整体略烤焦后切成适口大小。
② 在盘中铺上薄荷风味豌豆泥（后述），放入步骤①的材料，撒上切成薄片的墨西哥辣椒、薄荷和擦成碎的青柠皮。

薄荷风味豌豆泥
① 去掉豌豆的豆荚，用盐水煮熟。
② 将所有食材放入搅拌机搅拌成泥。

黑橄榄酱的做法

将已在烤箱中烘干的黑橄榄制成
酱料，口感浓郁，可以代替调味
品。尤其适合搭配茴香、竹笋和
野菜等带有一点儿苦味的蔬菜。

材料（易做的量）
黑橄榄…200克
特级初榨橄榄油…50~80毫升
（根据个人口味）

做法
① 将黑橄榄切成两半，去核。
② 将步骤①的材料放在烤盘
　 上，放入烤箱，60~70℃将
　 其烤干。
③ 用搅拌机将步骤②的材料和
　 特级初榨橄榄油搅拌成滑顺
　 的酱料。

✿ 烤茴香配豆奶酸奶和黑橄榄酱

茴香的美味在烧烤后会更加强烈，将其与黑橄榄酱和润滑的豆奶酸奶
相结合，产生出更有冲击力的美味。豆奶酸奶是由豆奶油、柠檬汁、
蒜和盐搅拌而成的。

材料（易做的量）
茴香（根部）…1个　　　　　　　　　特级初榨橄榄油…适量
豆奶酸奶…适量（＞P023）　　　　　　盐…适量
黑橄榄酱…适量（＞左）

做法

❶ 茴香切成丝，放在烤盘中，倒入橄榄油和盐，放入烤箱，180℃烘烤
20分钟。

❷ 将步骤①的材料盛盘，周围倒上一些豆奶酸奶，并在酸奶中用手戳出
凹陷，将黑橄榄酱倒入其中，最后撒盐。

葱香嫩玉米脆片
配嫩玉米须和烤洋葱汁

将洋葱和嫩玉米一起油炸，再放上嫩玉米须。调料
是烤洋葱与水混合并熬制的酱料。

材料（易做的量）

洋葱…1/2个
嫩玉米…2根
烤洋葱汁…15毫升（>P114）
面衣
    玉米淀粉…15克
    苏打水…适量
柠檬汁…适量
特级初榨橄榄油…10毫升
盐…适量
微叶菜（金莲花）…1片

做法

①洋葱去皮后切小块。
②除去嫩玉米须，切掉顶端褐色部分，然后将嫩玉米切小
    块。玉米须备用。
③将玉米须与柠檬汁、特级初榨橄榄油和盐混合。
④在碗里制作面衣，并放入步骤①和步骤②的材料，使其
    裹上面衣。
⑤在180℃的油中放置直径6厘米的无底模具，然后将步
    骤④的材料倒入其中。表面炸好后翻面继续油炸。
⑥在盘子上倒入加热过的烤洋葱汁，然后放入步骤⑤的材
    料并撒盐。将步骤③的材料放在上面，用微叶菜装饰。

✿ 炸豆腐和西葫芦面条配白芝麻酱和辣根

油炸豆腐外脆里嫩，加入了由生白芝麻糊和豆奶酸奶制成的白芝麻酱调味料，味道丰富。最后撒上中东料理中使用的香料、类似红紫苏拌饭料的漆树粉和辣根。

材料（易做的量）
嫩豆腐…1/2块
玉米淀粉…适量
水…适量
西葫芦…1/2个
青柠…1个
白芝麻酱…45克（>P022）
白芝麻…少许
漆树粉…适量
芫荽子…适量
辣根丝…适量
盐…适量
特级初榨橄榄油…适量

做法
① 将嫩豆腐横切成两半，静置一夜去除水分。
② 将玉米淀粉倒入水中搅拌成糊，裹在步骤①的材料上。
③ 将步骤②的材料放入180℃的油中油炸，直至变成金黄色。
④ 西葫芦切小块，撒盐使其变软。
⑤ 青柠去皮，切成扇形大小。
⑥ 将白芝麻酱抹在盘子上，盛入步骤③的材料，撒盐。将西葫芦、青柠与橄榄油混合，盛盘。撒上白芝麻、漆树粉、碾碎的芫荽子和辣根丝。

材料（易做的量）

炭烤西蓝花
西蓝花…1个
特级初榨橄榄油…适量
盐…适量

西蓝花开心果泥
西蓝花…1/2个
开心果…30克
罗勒…20克
盐…适量

炸罗勒
罗勒…10个

装饰
爆米花…适量
薄荷…3克
开心果碎…适量
柠檬皮碎…1/2个的量
特级初榨橄榄油…适量

☆ 炭烤西蓝花配西蓝花开心果泥

在炭烤的西蓝花下放由西蓝花和西西里产的开心果制成的果泥，并配上炸罗勒。开心果的浓厚味道和香气、罗勒的清爽感、有特殊香味的爆米花和柠檬皮交叠，西蓝花的口味也变得丰富起来。

做法

炭烤西蓝花
❶ 将西蓝花纵向切成两半。将橄榄油涂抹在横截面上并撒盐。
❷ 用炭火烘烤西蓝花，直至最中间部分被烤熟。

西蓝花开心果泥
❶ 将西蓝花煮软。
❷ 焯一下罗勒。
❸ 用搅拌机将西蓝花、罗勒和开心果搅拌成泥（保留些许颗粒），加盐。

炸罗勒
❶ 取罗勒叶并擦干表面水分。
❷ 放入170℃的油中油炸。

装饰
❶ 在盘子上抹上西蓝花开心果泥，然后放入炭烤西蓝花。
❷ 撒上炸罗勒、爆米花和薄荷。淋一圈橄榄油，撒开心果碎和柠檬皮碎。

材料（易做的量）
白芦笋…3根
水…适量
盐…适量
砂糖…适量
特级初榨橄榄油…适量
玉米淀粉…适量
莳萝…适量
法国埃斯普莱特辣椒*粉…适量

* 法国巴斯克地区的埃斯普莱特村种
　植的辣椒。

✿ 焖白芦笋配炸白芦笋脆片和辣椒粉

与纯乳制品和鸡蛋搭配和谐的白芦笋，这次被做成了纯素食料理。 将白芦笋浸入加了盐和砂糖的热水中增加一点儿底味后，再放进60℃的橄榄油中缓慢加热15分钟。即使没有佐料，味道也令人满意。

做法
① 切掉白芦笋根部坚硬部分，去皮，坚硬部分备用。
② 将盐（浓度为10％）和砂糖（浓度为5％）溶解于水中，并将白芦笋放入其中浸泡5～10分钟，增加底味后沥干水分。
③ 将步骤②的材料放入60℃的橄榄油中加热15分钟。
④ 将步骤①中留出的白芦笋坚硬部分切小条，撒1撮盐，变软后撒上玉米淀粉，并在180℃的油中炸至变色。再撒盐。
⑤ 将步骤③和步骤④的材料盛盘，装饰莳萝，撒上辣椒粉。

☆ 烤竹笋和澳大利亚黑松露配黑橄榄酱

当竹笋在日本刚刚露出头来时，澳大利亚正值黑松露的收获季节。它们的味道和香气都可以在黑橄榄酱中融合。虽然这道料理结构很简单，但其味道具有很强的冲击力并余韵悠长。

材料（易做的量）
竹笋…1/2根
黑松露…10克
黑橄榄酱…30毫升（>P044）
米糠…适量
木薯…适量
特级初榨橄榄油…适量
盐…适量

做法
① 将竹笋连皮与米糠、木薯一起煮软，然后冷却。
② 竹笋去皮，纵向切成4等份。
③ 将橄榄油涂抹在横截面上并撒盐，然后用木炭烘烤成棕色。
④ 在盘子上抹上黑橄榄酱，盛入步骤③的材料，搭配切片的黑松露。

SUMMER

夏

材料（易做的量）

炸茄子
长茄子…1个
杜卡…30克（>P022）
玉米淀粉*…适量
面衣
┃ 淀粉…适量
┃ 水…适量
盐…适量

腌紫甘蓝
紫甘蓝…100克
腌泡汁
┃ 红葡萄酒醋…100毫升
┃ 水…50毫升
┃ 砂糖…50克
┃ 盐…2克

烤番茄
番茄…1/2个
盐…适量

装饰（1人份）
皮塔面包（市售）…1/2片
生菜…适量
白芝麻酱…20克（>P022）
哈里萨辣酱…15克（>P022）

* 玉米淀粉是将玉米胚磨成的粉。墨
  西哥馅饼和玉米面包里会使用。

☼ 炸茄子皮塔三明治

这是一块夹了炸茄子的三明治。炸茄子在油炸前撒过杜卡（将杏仁、
芫荽子和孜然混合制成的调味料）。三明治里还夹了紫甘蓝泡菜和烤
番茄，并且混合了两种酱料，即由白芝麻糊制成的白芝麻酱和辛辣的
哈里萨辣酱。

做法

炸茄子
❶ 茄子去蒂，切成厚1.5厘米的圆片。
❷ 在茄子的横截面上铺一层面衣。
❸ 将杜卡和玉米淀粉混合后撒在面衣上，用手轻轻压一下。
❹ 放入180℃的油中炸四五分钟，撒盐。

腌紫甘蓝
❶ 紫甘蓝切丝。
❷ 放入腌泡汁中，在冰箱里冷藏约1小时。

烤番茄
❶ 番茄去蒂，切成厚1厘米的圆片。
❷ 放入烤盘并撒盐，80℃烤20分钟。

装饰
❶ 将皮塔面包切成两半并加热。
❷ 在面包中夹入生菜、炸茄子、腌紫甘蓝和烤番茄，淋一层白芝麻酱和哈里萨
辣酱。

豆奶布拉塔芝士的做法
将豆奶、椰子奶油、柠檬汁和盐混合制成奶油，然后包进豆腐皮中，再裹一层保鲜膜，保持形状。它具有像新鲜意大利芝士和布拉塔芝士一样的奶油质地，并且味道浓郁。

材料（1人份）
豆奶…100毫升
豆腐皮…2枚（20厘米×20厘米）
椰子奶油…20毫升
柠檬汁…8毫升
柠檬皮丝…少许
盐…适量

做法
❶ 将豆奶倒入锅中，加热至80℃。
❷ 将豆奶倒入碗中，加入柠檬汁并轻轻混合。
❸ 加入椰子奶油和盐，进一步混合（硬度根据椰子奶油的量调节）。放入柠檬皮丝，拌匀。
❹ 展开保鲜膜，在上面放2片豆腐皮，然后将步骤❸的材料放在中间。将保鲜膜包成球形，然后放入容器中。
❺ 将容器放入冰箱，静置1小时。

☀ 豆奶布拉塔芝士卡布里沙拉

布拉塔芝士是原产于意大利的新鲜芝士。这里使用的是豆奶布拉塔芝士，是把豆奶和椰子奶油混合，包裹在豆腐皮中，加入柠檬汁和柠檬皮以消除大豆味，使用椰子奶油使其更接近牛奶的醇厚。冷藏保存。

材料（1人份）

番茄…1/2个　　　　　　　　　　特级初榨橄榄油…适量

豆奶布拉塔芝士…80克（>P056）　　盐…适量

罗勒…适量

做法

❶ 番茄去蒂，切成两半，横截面向上放入盘子中。

❷ 在番茄上放豆奶布拉塔芝士。

❸ 加入罗勒并淋橄榄油，撒盐。

☀ 西班牙冷汤配迷你哈密瓜沙拉

由黄甜椒、圣女果和芒果制成的西班牙冷汤带有卡曼橘果醋的酸味。
可以连皮一起食用的迷你哈密瓜用接骨木花糖浆腌制，并配以腌制的
红洋葱和纯素芝士。

材料（易做的量）

西班牙冷汤
黄甜椒…2个
圣女果（黄色）…1袋
芒果…1个
法棍面包片…2片
蒜…1克
橙汁…1个份
橙子皮丝…1/2个的量
卡曼橘果醋*…20毫升

迷你哈密瓜沙拉
迷你哈密瓜*…3个
接骨木花糖浆…40毫升
香槟醋…20毫升

腌红洋葱
红洋葱…1个

腌泡汁
红葡萄酒醋…100毫升
接骨木花糖浆…50毫升
柠檬汁…50毫升
水…50毫升
砂糖…35克
盐…5克

装饰
纯素芝士…适量（>P030）
薄荷…适量
辣椒粉…适量
特级初榨橄榄油…适量

* 卡曼橘是广泛种植于东南亚的一种柑橘类水果。卡曼橘果醋是由白兰地醋和卡曼
  橘果汁混合而成的。

* 重约200克的哈密瓜，果皮为淡绿色。

做法

西班牙冷汤
❶黄甜椒去子后切成适口大小。
❷将圣女果和法棍面包片切小块。芒果去皮、切碎。将所有材料用搅拌机搅拌
  成果泥。

迷你哈密瓜沙拉
❶将迷你哈密瓜连皮切成两半，去子后切成5毫米厚的圆片。
❷将所有材料放入保鲜袋中，做成真空包装，放入冰箱冷藏1小时。

腌红洋葱
❶红洋葱去皮，顺纤维切碎。
❷将腌泡汁的材料放入碗中，充分搅拌使砂糖和盐溶化。
❸将红洋葱放入腌泡汁中，盖上保鲜膜，静置1小时后沥干。

装饰
❶将纯素芝士放入盘中，在上面放上迷你哈密瓜沙拉。
❷将腌红洋葱切碎，放在纯素芝士前面。
❸倒入西班牙冷汤。
❹用薄荷装饰，再撒上辣椒粉，淋一圈橄榄油。

☀ 黄瓜和迷你杂蔬配洋葱沙拉调味汁

黄瓜上面放的是将红洋葱、甜椒和西葫芦切正方形后做成的杂蔬。黄瓜下面是琥珀色的洋葱，是将洋葱炒至琥珀色，再和柠檬草、角豆糖浆和柠檬汁一起煮熟制成的。

材料（易做的量）

迷你杂蔬
红洋葱…1个
甜椒（红色、黄色）…各1/2个
西葫芦…1/2个
欧芹…适量
百里香…2根
特级初榨橄榄油…适量
盐…适量

番茄酱…50克
（以下是易做的量）
水煮番茄…2550克
洋葱…1个
胡萝卜…1/2根
芹菜…1根

百里香…3根
特级初榨橄榄油…100毫升
盐…25克

洋葱沙拉调味汁
洋葱…2个
柠檬草…2根
薄荷…适量
角豆糖浆…30毫升
柠檬汁…适量
特级初榨橄榄油…50毫升
盐…适量

装饰（1人份）
黄瓜…1/4根

做法

迷你杂蔬
❶ 红洋葱去皮，和甜椒、西葫芦一起切成5毫米见方的正方形。将欧芹和百里香切碎。
❷ 煎锅中倒入橄榄油，中火加热。稍翻炒一下红洋葱后加入甜椒继续翻炒。加入西葫芦、欧芹和百里香炒匀（防止变色）。
❸ 加入番茄酱（后述）炒匀后加盐调味，关火。

番茄酱
❶ 锅中倒入橄榄油，加入切碎的洋葱、胡萝卜和芹菜，稍翻炒。
❷ 加入水煮番茄和百里香煮沸，小火煮约30分钟后加盐调味。
❸ 用冰水冷却。

洋葱沙拉调味汁
❶ 洋葱去皮，柠檬草和薄荷切碎。
❷ 煎锅中倒入橄榄油，中火加热。将盐撒在洋葱上，炒至变成琥珀色。
❸ 放入柠檬草碎、角豆糖浆和柠檬汁，小火煮至水分蒸发。
❹ 将上述食材盛入容器中降温，加入薄荷碎并混合，放入冰箱中冷却。

装饰
❶ 黄瓜纵向切成两半，切成约10厘米长的条。
❷ 在盘子上放入洋葱沙拉调味汁，然后将黄瓜横截面朝上盛入盘中，将迷你杂蔬铺到黄瓜上。

☀ 夏季时蔬和荞麦塔博勒沙拉配菊苣

塔博勒沙拉一种法国的蒸粗麦沙拉。这里是用碎麦、荞麦等做成的。
在上面放菊苣沙拉就可以吃了。

材料（易做的量）

夏季时蔬和荞麦塔博勒沙拉
荞麦…100克
碎麦*（细磨）…50克
五谷杂粮…25克
　　麦芽
　　黑麦
　　粟米
　　稗子
　　籽粒苋
　　高粱米
甜椒（红色、黄色、橙色）…各1/3个
西葫芦（黄色）…1/2根

黄瓜…1根
茴香…1/4根
欧芹…适量
百香果…1个
角豆糖浆…10毫升
柠檬汁…30毫升
特级初榨橄榄油…50毫升
盐…适量

装饰
菊苣…适量
特级初榨橄榄油…适量

* 硬粒小麦整体蒸熟后磨碎。含有外皮和胚芽，富含膳食纤维和矿物质。

做法

夏季时蔬和荞麦塔博勒沙拉
❶ 将荞麦煮软。
❷ 将碎麦和五谷杂粮放入盐水中煮熟。
❸ 将甜椒、西葫芦和黄瓜切成5毫米见方的正方形。
❹ 将茴香和欧芹切碎。
❺ 将上述所有材料盛入碗中。加入百香果的子、角豆糖浆、柠檬汁、橄榄油和盐拌匀。

装饰
盛盘，放上菊苣，再淋一圈橄榄油。推荐夏季时放菊苣后食用。

☀ 炭烤牛油果配阿根廷香辣酱和香菜苗

炭烤后味道更丰富、更耐嚼的牛油果，拌上阿根廷烤肉中的经典风味酱——由欧芹、蒜、香菜和橄榄油等制成糊，再添加一点儿柠檬汁制成的阿根廷香辣酱。

材料（2人份）

牛油果…1个

阿根廷香辣酱…30毫升（>P022）

特级初榨橄榄油…10毫升

盐…适量

香菜苗…适量

香菜花…适量

辣椒片…适量

做法

❶ 去除牛油果皮和子，纵向切成8等份，用炭火烤至两面都呈褐色。

❷ 将阿根廷香辣酱抹在盘子上，放入牛油果，加入橄榄油和盐，用香菜苗和香菜花装饰，再撒上辣椒片。

材料（1人份）

白桃蜜饯…1/2个
（以下是易做的量）
白桃…1个
柠檬草…1根
罗勒…5根
百香果…1/2个
茴香子…1克
接骨木花糖浆…45毫升
柠檬汁…10毫升
盐…1撮

装饰
豆奶酸奶…40克（>P023）
柠檬草…1/2根
罗勒…3～5根
特级初榨橄榄油…适量
盐…适量
黑胡椒粉…适量

☀ 白桃柠檬草沙拉配罗勒和百香果

这是一道在2000年左右纽约很流行的压缩沙拉（沙拉用真空包装腌制）。这里将白桃与柠檬草、罗勒、接骨木花糖浆等进行了真空腌制。

做法

白桃蜜饯
❶ 白桃去皮，纵向切成两半，去核。
❷ 将柠檬草切成适口大小，与接骨木花糖浆、柠檬汁和盐混合，用搅拌机搅拌。
❸ 将所有材料放入保鲜袋中，抽真空后放入冰箱，静置约1小时。

装饰
❶ 将白桃蜜饯盛入盘中，在中央凹陷处倒入豆奶酸奶。
❷ 用柠檬草和罗勒装饰，倒入腌泡汁，滴几滴橄榄油，撒上盐和黑胡椒粉。

☀ 腌圣女果挞

为了突出挞皮浓郁的口感和酥脆的质地，这里使用了椰丝和固体椰奶来代替黄油。上面铺的是以橙汁、柠檬汁和角豆糖浆腌制过的圣女果。最后加入浓郁的椰子奶油。

材料（1人份）
椰子挞皮…1张（>右）
罗勒叶…1枚

腌圣女果…适量
（以下是易做的量）
圣女果（红色、橙色、黄色、绿色）…5个
腌泡汁
| 橙汁…30毫升

柠檬汁…20毫升
角豆糖浆…15毫升

椰子奶油…10克
| 椰奶（未经调整）…20毫升
澳洲指橘（果肉）…1个
开心果碎…适量
特级初榨橄榄油…适量
黑胡椒…适量

做法
❶ 将椰子挞皮摊开，用模具（直径6厘米）做1个圆形面皮，放入烤箱，170℃烘烤至颜色变成棕色（15~20分钟）。
❷ 在挞皮上放罗勒叶，放上腌圣女果（后述）。
❸ 将椰子奶油（>右下）倒在腌圣女果上，用澳洲指橘果肉装饰，撒一些开心果碎，淋橄榄油，撒黑胡椒。

腌圣女果
❶ 圣女果去蒂、烫熟。
❷ 将圣女果放入腌泡汁中，在冰箱中静置一晚。

椰子挞皮的做法
纯素食料理的挞皮中不使用黄油，因此，使用椰丝和罐装椰奶（未经调整）分离出的固体，就可以产生出像加过黄油一样的风味和质地。

材料（易做的量）
椰丝…50克
椰子奶油…40克
| 椰奶（未经调整）…50毫升
低筋面粉…100克
发酵粉…5克
蔗糖…50克
盐…1克
葡萄籽油…15毫升

做法
❶ 将椰丝用料理机磨成粉。
❷ 混合步骤①的材料、低筋面粉、发酵粉、蔗糖和盐后加入椰子奶油（后述），用手混合。
❸ 加入葡萄籽油，团成一团后用保鲜膜包裹，放入冰箱冷藏约1小时，制成椰子挞皮。

椰子奶油
❶ 打开罐装椰奶，仅取出分离出的固体（不使用固体以外的部分）。
❷ 用奶油发泡器搅拌入空气，直到变成光滑的奶油。

☀ 姜汁烤茄子配腌红洋葱和生姜脆片

烤茄子和姜是日本料理中最常见的食材，这里用姜、八角茴香和混合香料粉等制成糖浆，产生出特有的东方风味。此外，这道料理中还加入了生姜脆片、腌红洋葱和杜卡。

材料（易做的量）

烤茄子
长茄子…1根

生姜糖浆
姜…100克
八角茴香…3克
丁香…1个
混合香料粉…2克
桂皮…1/2根
蔗糖…100克
柠檬汁…45毫升

生姜脆片
姜…适量

腌红洋葱
红洋葱…1个
腌泡汁
　红葡萄酒醋…100毫升
　接骨木花糖浆…50毫升
　柠檬汁…50毫升
　水…50毫升
　砂糖…35克
　盐…5克

装饰
杜卡…3克（>P022）
盐…适量
欧芹苗…适量

做法

烤茄子
❶ 将长茄子连皮直接大火烘烤，直至茄子皮烧焦且茄子肉熟透、变软。
❷ 茄子去蒂、去皮，切成适口大小。

生姜糖浆
❶ 用搅拌机将柠檬汁以外的其他材料搅碎。
❷ 将步骤①的材料和柠檬汁放入锅中，加热至沸腾后关火并过滤。 冷却后倒入容器中，放入冰箱存放。

生姜脆片
❶ 用孔较大的削皮器将姜连皮削成片。
❷ 放入约180℃的油中油炸至姜完全着色。

腌红洋葱
❶ 红洋葱去皮并顺着纤维切碎。
❷ 将腌泡汁的材料放入碗中，充分搅拌并使砂糖和盐溶化。
❸ 将红洋葱碎放入腌泡汁中，盖上保鲜膜，静置1小时后沥干。

装饰
❶ 将烤茄子装盘，淋上生姜糖浆。
❷ 放生姜脆片和腌红洋葱，撒杜卡和盐，用欧芹苗装饰。

材料（易做的量）

腌南瓜
南瓜（可生食品种）…1/2个
百香果…1个
青柠汁…20毫升

木瓜芥末酱
木瓜（熟透）…1个
第戎芥末酱…50克
芥末籽…15克
角豆糖浆…50毫升
特级初榨橄榄油…30毫升

装饰
青柠汁…适量
青柠皮丝…适量
罗勒…适量

☀ ## 南瓜沙拉配木瓜芥末酱和罗勒

将可以生吃的南瓜与百香果和青柠汁一起真空包装后混合腌制。
可与木瓜、芥末和角豆糖浆一起制成沙拉。

做法

腌南瓜
❶ 南瓜去皮，切薄片。
❷ 将南瓜片、百香果子和青柠汁放入保鲜袋中，抽真空后放入冰箱静置
  1小时。

木瓜芥末酱
❶ 木瓜去皮、去子、切小块。
❷ 平底锅中倒入橄榄油，放入木瓜块，中火炒软。
❸ 将步骤②的材料与第戎芥末酱、芥末籽和角豆糖浆混合。

装饰
❶ 将炒好的木瓜芥末酱盛盘，放上腌南瓜。
❷ 淋青柠汁，撒上青柠皮丝，用罗勒装饰。

材料（易做的量）
番茄…1个
圣女果（橙色、紫色、绿色）…各2个
小黄瓜…1/2根
墨西哥辣椒…1/5根
樱桃…2个
李子…1/4个
覆盆子…3个
蓝莓…5个

腌红洋葱…适量
（以下是易做的量）
红洋葱…1个
腌泡汁
 | 覆盆子醋…100毫升
 | 盐…2克

罗勒…适量
芙蓉花（干燥）…适量
盐…适量

☀ 番茄和夏季水果片配腌红洋葱

中等大小的番茄和三色圣女果搭配夏季水果，例如覆盆子和蓝莓，做成类似于意大利料理"薄切生肉"的样子。腌红洋葱和芙蓉花的酸味使味道更加浓郁。

做法
❶ 将番茄、圣女果、小黄瓜和墨西哥辣椒均切成3毫米厚的片。
❷ 樱桃和李子去核，切成2毫米厚的片。
❸ 将番茄片、圣女果片和小黄瓜片依次摆盘，在上面放墨西哥辣椒、樱桃片和李子片，再放上覆盆子、切成两半的蓝莓、腌红洋葱（后述）和罗勒。
❹ 将芙蓉花磨成粉后和盐一起撒在上面。

腌红洋葱
❶ 红洋葱去皮并纵向切成2毫米厚的片。
❷ 混合腌泡汁的材料，充分搅拌至盐溶化。
❸ 将红洋葱浸泡入腌泡汁中，静置约1小时。

☀ 黄瓜菠萝哈密瓜冷汤

这道冷汤具有令人印象深刻的酸辣味道，它是由黄瓜、菠萝、哈密瓜、墨西哥辣椒、柠檬草、青柠汁和接骨木花糖浆制成的。在冷汤中心，可以看到芹菜花和黑胡椒。这道料理的灵感来自鸡尾酒，您可以享受多种水果带来的不同味道。

材料（4人份）

冷汤
黄瓜…2根
菠萝…1/2个
哈密瓜…1/2个
墨西哥辣椒…10克
柠檬草…2根
青柠汁…45毫升

接骨木花糖浆…40毫升
盐…适量

装饰
黄瓜…1根
菠萝…1/10个
哈密瓜…1/5个

覆盆子…4个
澳洲指橘（粉红色）…适量
莳萝…适量
芹菜花…适量
黑胡椒…适量
特级初榨橄榄油…适量

做法
❶ 用搅拌机将冷汤的所有材料搅拌均匀。
❷ 将作为装饰的黄瓜、菠萝和哈密瓜均切成5毫米见方的正方形。覆盆子略切碎，澳洲指橘剥皮后取出果肉，莳萝只留下柔软的叶子。
❸ 将步骤①的材料倒入冷汤盘中，将步骤②的材料放在盘子边缘。
❹ 在冷汤中心放芹菜花和黑胡椒装饰，在周围淋橄榄油。

材料（2人份）

玉米泥
玉米（带皮）…2个
水…300毫升
红葱…适量
特级初榨橄榄油…适量
盐…适量

装饰
乌冬面（干/赞岐手延本鹰乌冬面*）…80克
黄瓜…1/3个
青柠…1/5个
墨西哥辣椒…1/5个
柠檬草…3克
泰国青柠叶…1/2片
罗勒…2个
烤玉米粒…1/3个的量
辣椒片…适量
特级初榨橄榄油…适量

* 加入香川本鹰辣椒揉制而成的干乌
　冬面。

香川本鹰辣味冷乌冬面 配玉米泥和泰国青柠叶

有点儿辣的乌冬面里含有一种叫作香川本鹰的辣椒，这种辣椒在瀬户内海的盐饱群岛上被广泛种植。玉米泥的甜味、青柠的酸味、墨西哥辣椒的辛辣味，叠加上烤玉米的香气、黄瓜和罗勒的清爽感以及泰国青柠叶及柠檬草的东南亚特色香气，组合成了纽约人印象中的"现代亚洲"风味。

做法

玉米泥
❶ 玉米去皮，用刀切下玉米粒。皮和硬心留用。
❷ 在装满水的锅中放入玉米皮和硬心，煮至水量剩余1/3，沥干。
❸ 红葱切碎，和玉米粒一起放入橄榄油中翻炒。
❹ 加入100毫升步骤❷的液体，小火将玉米粒煮熟，加盐调味。
❺ 用搅拌机将步骤❹的材料搅拌成泥，盛入容器中，放入冰箱冷却。

装饰
❶ 将黄瓜和去皮的青柠切成5毫米见方的块，墨西哥辣椒切片，柠檬草切碎，泰国青柠叶切丝。
❷ 煮熟乌冬面并放进冰水中冷却，沥干水分。
❸ 将乌冬面与切碎的罗勒和橄榄油混合。
❹ 将步骤❸的材料盛入碗中，倒入玉米泥。用步骤❶的材料装饰，放烤玉米粒并淋上橄榄油，最后撒辣椒片。

豆腐塔可配白芝麻酱
☀ 夏季时蔬和蘑菇塔可
牛油果青柠纯素芝士塔可

把放入肉类和豆类的塔可做成纯素食料理，在绢豆腐上撒芫荽子和孜然，油炸后淋上白芝麻酱和哈里萨辣酱，以产生浓郁的香味。 夏季时蔬和蘑菇塔可是将蔬菜切大块，以获得令人满意的口感。牛油果青柠纯素芝士塔可中，牛油果和纯素芝士的醇厚感带来了令人满意的味道。

材料（易做的量）

豆腐塔可配白芝麻酱
塔可（市售）…适量
绢豆腐…150克
香料
| 芫荽子…5克
| 孜然…5克
| 杜松子…1克
| 小豆蔻子…1克
面衣
| 玉米淀粉…适量
| 水…适量
红洋葱…适量
哈里萨辣酱…适量（>P022）
白芝麻酱…适量（>P022）
盐…适量

夏季时蔬和蘑菇塔可
塔可（市售）…适量
西葫芦…1/2根
茄子…1/2根
黄甜椒…1个
蘑菇…3个
蒜…2片
百里香…2根
欧芹碎…适量
特级初榨橄榄油…适量
盐…适量

番茄酱…100克
（以下是易做的量）
水煮番茄…2550克

洋葱…1个
胡萝卜…1/2根
芹菜…1根
百里香…3根
特级初榨橄榄油…100毫升
盐…25克

牛油果青柠纯素芝士塔可
塔可（市售）…适量
牛油果…1个
红葱…10克
青柠汁…25毫升
纯素芝士…适量（>P023）
香菜苗…适量
特级初榨橄榄油…适量
盐…适量

做法

豆腐塔可配白芝麻酱
❶ 将绢豆腐压上重物，静置约2小时，沥干水分。
❷ 将绢豆腐切成适口大小，裹上面衣的材料。
❸ 将香料的材料粗略磨碎。
❹ 将香料均匀地撒在绢豆腐上。
❺ 将绢豆腐放入180℃的油中煎至香料充分变色。沥油后撒盐。
❻ 在煎锅中加热塔可两面（不放油），夹进绢豆腐，放一片红洋葱，淋上哈斯萨辣酱和白芝麻酱。

夏季时蔬和蘑菇塔可
❶ 将西葫芦、茄子、黄甜椒和蘑菇切成1厘米见方的块，蒜切碎。
❷ 将橄榄油倒入锅中，放入步骤①的材料和百里香。
❸ 加入番茄酱（后述），小火煮熟，加盐调味。
❹ 在煎锅中加热塔可两面（不放油），夹入步骤③的食材，撒上欧芹碎。

番茄酱
❶ 将橄榄油倒入锅中，加入切碎的洋葱、胡萝卜和芹菜，稍翻炒。
❷ 加入水煮番茄和百里香煮沸，小火煮约30分钟后加盐调味。
❸ 放入冰水中冷却。

牛油果青柠纯素芝士塔可
❶ 牛油果去皮、去子，切成适口大小。红葱切碎。
❷ 碗中放入步骤①的材料、青柠汁、橄榄油和盐拌匀。
❸ 在煎锅中加热塔可两面（不放油），夹入步骤②的材料，放入纯素芝士，撒香菜苗。

☀ 玉米饭汉堡和夏季时蔬素排
配墨西哥辣椒酱

小圆面包是用煮熟的米饭和玉米粉油炸而成的。使用口感浓郁的墨西哥辣椒酱作为调味料，再将烤过的甜椒、牛肝菌和炒西葫芦夹在中间。

材料（1人份）

玉米饭小圆面包
米饭（较硬）…150克
玉米粉…适量

馅料
甜椒（红色、黄色）…各1个
西葫芦…1/2根
茄子…1/2个
牛肝菌…1/2个
番茄（小个）…1个

特级初榨橄榄油…适量
盐…适量

炸薯条
土豆…适量
盐…适量
黑胡椒…适量

装饰
墨西哥辣椒酱…适量（>P122）
罗勒…适量

做法

玉米饭小圆面包
❶ 将米饭用模具（直径5厘米）做成圆形。
❷ 撒上玉米粉，放入180℃的油中炸至金黄色。

馅料
❶ 将甜椒连皮大火烘烤后去皮、去子、撒盐。用模具（直径5厘米）做成圆形。
❷ 将西葫芦和茄子切成圆形薄片（直径均为约5厘米），撒盐后用橄榄油两面煎。
❸ 将牛肝菌切薄片，撒盐后用橄榄油两面煎。
❹ 番茄（直径约5厘米）去蒂，横切成薄片。

炸薯条
❶ 土豆去皮后切条。
❷ 用150℃热油炸约20分钟，捞出、沥油。将油温加热至180℃，再次放入土豆条油炸。沥油，撒盐和黑胡椒。

装饰
❶ 在2个玉米饭小圆面包的一面涂墨西哥辣椒酱，将馅料和罗勒夹在中间（从下往上是红甜椒、西葫芦、黄甜椒、茄子、罗勒、番茄和牛肝菌）。
❷ 盛盘，搭配炸薯条。

☀ 爆米花和烤玉米烩饭

在用玉米心和皮制成的汤中煮大米和玉米粒，制成烩饭。最后加入少许玉米泥增强风味，撒上辣椒粉增添香气。

材料（2人份）

烩饭
大米…140克
玉米…1个
洋葱…1/4个
韭菜…1/5根
茴香（根部）…30克
水…适量
特级初榨橄榄油…适量
盐…适量

玉米汤…300毫升
（以下是易做的量）
玉米心…5个
玉米皮…3个
水…4500毫升

玉米泥…50克
玉米…1个
玉米汤…与玉米等量
洋葱…1/4个
韭菜…1/10根
特级初榨橄榄油…适量
盐…适量

装饰
烤玉米…1/4个
墨西哥辣椒…适量
爆米花…适量
欧芹…适量
辣椒粉…适量
特级初榨橄榄油…适量
盐…适量

做法

烩饭
❶ 将玉米粒剥下。
❷ 洋葱、韭菜和茴香切碎，用橄榄油翻炒。
❸ 将大米（不洗）和玉米粒用玉米汤（后述）煮熟，冷却。
❹ 将步骤②的材料、玉米泥（后述）和水放入步骤③的材料中加热，加盐调味。

玉米汤
❶ 将所有食材放入锅中加热至沸腾，小火再加热约30分钟。
❷ 小火煮至水量减少到原来的1/3。

玉米泥
❶ 洋葱切丝，和韭菜一起用橄榄油翻炒。
❷ 放入玉米粒继续翻炒，加入玉米汤，小火煮至水量减到约1/3。
❸ 用搅拌机将步骤②搅拌成泥。
❹ 过滤一次，加盐调味。

装饰
❶ 剥下玉米粒。
❷ 将玉米粒、切碎的墨西哥辣椒、橄榄油和盐混合均匀。
❸ 将烩饭盛盘，放上步骤②的材料，撒爆米花装饰，再撒切碎的欧芹和辣椒粉。

☀ 鹰嘴豆和香草绿咖喱

咖喱酱的制作方法是将香草、香味蔬菜等制成糊，然后加热直至香味飘出，淋上椰奶和青柠汁搅拌成绿咖喱。重点是在咖喱酱中加足够多的油，这样能使味道非常浓郁。

材料（1人份）
鹰嘴豆（水煮）…60克

咖喱酱
香菜…100克
罗勒…20克
姜…40克
蒜…20克
红葱…20克
柠檬草…30克
泰国青柠叶（生）…10克
墨西哥辣椒…15个
孜然…2克
葡萄籽油…200毫升

椰奶（未经调整）…适量
青柠汁…适量
盐…适量

装饰
米饭…50克
墨西哥辣椒…适量
薄荷…2克
罗勒…2克
香菜苗…2克
辣椒片…适量

做法

咖喱酱
❶ 将姜、蒜、盐、柠檬草、泰国青柠叶和墨西哥辣椒切成合适的大小。
❷ 将所有材料混合，用搅拌机搅成糊。
❸ 将步骤②的材料放进平底锅中加热，用铲子搅拌至香味变浓。
❹ 快速冷却，防止变色（可冷藏保存3天）。

鹰嘴豆和香草绿咖喱
❶ 将咖喱酱、椰奶和青柠汁放入锅中，中火加热。
❷ 煮沸后加入鹰嘴豆稍煮一会儿。加盐调味。

装饰
❶ 将米饭盛盘，淋上绿咖喱。
❷ 放入切薄片的墨西哥辣椒、薄荷、罗勒和香菜苗，撒辣椒片。

☀ 古巴风情烤玉米配青柠辣酱

烧烤的经典之作——墨西哥烤玉米，也称为古巴烤玉米。玉米是抹上酸奶油烘烤过的，还加入了烟熏辣椒粉、青柠汁和芝士片。这里用腰果制成的纯素芝士代替酸奶油，用榛子碎代替芝士片。无须使用诸如酸奶油和芝士片之类的动物性食材，它的美味就已经足够有冲击力了。

材料（2人份）

玉米…2个　　　　　　　　　　青柠皮丝…适量　　　　　　　　特级初榨橄榄油…适量
纯素芝士…50克（＞P030）　　青柠汁…1/4个的量　　　　　　　盐…适量
烟熏辣椒粉…适量　　　　　　　榛子碎…适量

做法

❶ 将玉米去皮、煮熟，横向切成两半，再纵向切成4等份。玉米皮备用。
❷ 用刷子将橄榄油在玉米表面涂上薄薄的一层，放入180℃的烤箱中烤至变成褐色。
❸ 在玉米表面撒些盐，抹上纯素芝士。
❹ 将备用的玉米皮放在木炭上烘干，然后放入碗中，放上烤好的玉米。
❺ 放入烟熏辣椒粉、柠檬皮丝和青柠汁，再撒上榛子碎。

☀ 玉米糊配炒牛肝菌和新鲜夏季松露

牛肝菌、夏季松露和玉米是很合适的食材混搭。唯一的调味料是盐，它使牛肝菌和夏季松露的香气发挥到了极致。

材料（易做的量）

玉米糊
玉米粉（粗粉）…125克
水…500毫升
盐…3克

炒牛肝菌
牛肝菌…1个
蒜…适量
特级初榨橄榄油…适量
盐…适量

装饰
牛肝菌…适量
蒜…1片
夏季松露…适量
特级初榨橄榄油…适量
盐…适量

做法

玉米糊
❶ 煮一锅沸水。
❷ 加入玉米粉和盐，小火加热，用铲子轻轻搅拌以防结块和烧焦。当玉米糊变得像奶油的硬度时停止加热。

炒牛肝菌
❶ 将牛肝菌纵向切成两半。
❷ 将橄榄油倒入平底锅中，放入压碎的蒜，中火加热出香气，放入牛肝菌，撒盐翻炒。

装饰
❶ 将橄榄油倒入平底锅中，放入压碎的蒜，中火加热出香气，放入切丁的牛肝菌，撒盐翻炒。
❷ 加热玉米糊，倒入步骤①的材料，加盐调味。
❸ 盛盘，放上炒牛肝菌，刮一些夏季松露撒在上面，再滴几滴橄榄油，撒盐。

☼ 炸茄子配香料、青麦、杏仁和柠檬果酱

炸一个大个茄子，在表面撒孜然和芫荽子。搭配烘焙过的青麦、杏仁和炸洋葱。

材料（易做的量）
茄子…1/2个
孜然…2克
芫荽子…3克
盐…适量

青麦和杏仁
青麦*…100克
杏仁片（生）…20克
炸洋葱…1/2个

蒜泥…2克
腌柠檬（切碎）…适量（>P023）
盐…适量

* "绿色的小麦"，常用于黎巴嫩和北非料理。通常在未成熟的绿色状态下收获，然后烘烤和精炼。 是一种高蛋白食品，富含膳食纤维和矿物质（例如镁元素）。

做法
❶ 将茄子切成2厘米厚的片，放入180℃的油中炸熟。
❷ 将孜然和芫荽子混合，用料理机打碎。
❸ 将步骤②的材料撒在茄子一面上。
❹ 在盘子上撒青麦和杏仁（后述），放上茄子，再撒些盐。

青麦和杏仁
❶ 煮一锅沸水，倒入青麦，煮软。
❷ 将青麦、热水和其他食材移入另一锅中，煮约15分钟，直至乳化。

素肉的做法

素肉是由大豆制成的。在烹饪前必须将其浸泡在水中，并且通过重复浸泡和沥水来去除大豆异味，然后令其吸收调味料和酱料的味道后再制作。

材料
素肉（块状）
水

准备方法

❶ 将素肉放入盛有水的碗中浸泡5～10分钟，用淘米的方式洗涤并沥干水。

❷ 重复三四次（以减少大豆的异味），直到从素肉中流出的水几乎没有混浊物为止，再把水充分沥干。

☼ 素肉饼配自制哈里萨辣酱

素肉要事先去除大豆的异味，然后用混合香料（洋葱粉、辣椒粉和芹菜盐等）和酱油腌制后炸成饼。酱料是混合了黑胡椒、蒜、孜然和橄榄油等的自制哈里萨辣酱。

材料（1人份）

素肉饼
（以下是易做的量）
素肉（块状）…80克（>左）
混合香料…10克
（以下是易做的量）
　洋葱粉…100克
　大蒜粉…40克
　烟熏甜椒粉…120克
　辣椒粉…75克
　卡宴辣椒粉…3克
　芹菜盐…25克

　盐…25克
　黑胡椒…30克
浓口酱油…15毫升
角豆糖浆…30毫升
水…30毫升
淀粉…适量

装饰
哈里萨拉酱…适量（>P022）
红洋葱…适量
欧芹…适量

做法

素肉饼
❶ 准备素肉。
❷ 碗里倒入混合香料、浓口酱油、角豆糖浆和水，搅拌均匀。
❸ 将素肉放入步骤②的材料中腌制15分钟。
❹ 将淀粉撒在素肉表面，放入180℃的油中油炸。

装饰
❶ 将哈里萨辣酱抹在盘子上，把素肉饼盛盘。
❷ 将切成薄片的红洋葱和撕碎的欧芹放到素肉饼上。

AUTUMN

秋

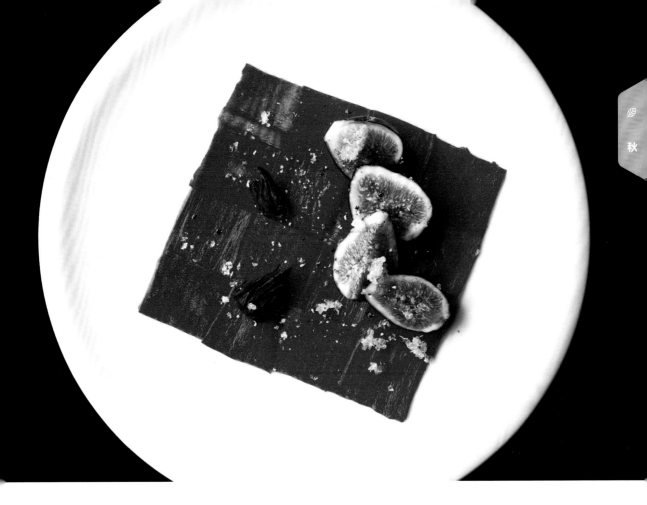

材料（易做的量）

葫芦干芙蓉花腌菜
葫芦干…100克
盐…适量

芙蓉花糖浆
芙蓉花（干）…12克
砂糖…60克
水…330毫升

装饰（1人份）
黑无花果…2个
澳洲指橘…1/2个
芙蓉花（干）适量
盐…适量
黑胡椒…适量

葫芦干芙蓉花腌菜配黑无花果沙拉

葫芦干味道清淡，可以用各种方法调味。浸泡在酸的芙蓉花糖浆中，可以变成深红色并浸泡出酸味，用黑无花果、澳洲指橘和黑胡椒搭配。

做法

葫芦干芙蓉花腌菜
❶ 将葫芦干浸泡在水中润湿，加盐揉搓。
❷ 将葫芦干放入沸水中煮约15分钟。
❸ 放入芙蓉花糖浆（后述）中浸泡约1小时。

芙蓉花糖浆
❶ 将芙蓉花和砂糖放入沸水中，关火，盖上保鲜膜，冷却至室温。这样可以使芙蓉花的香气散发出来，汤汁染上芙蓉花的颜色。
❷ 彻底冷却后捞出芙蓉花。

装饰
❶ 将葫芦干芙蓉花腌菜以方格花纹的图案盛入盘中。
❷ 放上切成4等份的黑无花果和澳洲指橘果肉，撒盐和黑胡椒，装饰上芙蓉花。

格兰诺拉麦片的做法
大麦、坚果，蔓越莓等与枫糖浆、油混合，在烤箱中烘烤。添加更多的坚果可以带来不同的味道和口感，再加一点儿辣椒粉，它也可以带来特别的风味。

材料（易做的量）
大麦…100克
杏仁…100克
腰果…150克
碧根果…300克
南瓜子…100克
向日葵子…100克
蔓越莓…150克
枫糖浆…100毫升
葡萄籽油…30毫升
辣椒粉…3克
盐…8克

做法
❶将所有材料放入碗中，用锅铲拌匀。
❷将步骤①的材料在烤盘中铺平，放入烤箱，160℃烤10分钟后取出，用锅铲将结团处拌开。每5分钟重复一次相同的步骤，重复两三次，共18～20分钟。

椰子风味奇亚籽布丁配栗子和麦片

奇亚籽是薄荷类植物荎欧鼠尾草的种子，富含omega-3脂肪酸、膳食纤维和矿物质。在椰奶中浸泡一整夜做成的奇亚籽布丁，在美国是注重健康的人们特别喜欢的早餐。这里除了椰奶之外，还用了杏仁奶来使它变得浓郁可口，并且加入大量水果、自制的麦片和烤栗子，制造出更多彩的风味和口感。

材料（4人份）

奇亚籽布丁
奇亚籽…50克
椰奶（未经调整）…165毫升
杏仁奶…170毫升
香草豆…3克
枫糖浆…50克

装饰（1人份）
烤栗子（市售）…20克
格兰诺拉麦片60克…（>左）

菠萝…1/10个
芒果…1/2个
猕猴桃…1/4个
西瓜…适量
百香果…适量
覆盆子…5个
欧芹…2根
盐…1撮

做法

奇亚籽布丁
将所有材料放入容器混合，放进冰箱静置一整夜。

装饰
❶烤栗子去皮，与麦片混合。
❷将菠萝、芒果、猕猴桃和西瓜切小块，将覆盆子一分为二，百香果取子。
❸将欧芹放入180℃的热油中油炸。
❹在碗的一侧放上奇亚籽布丁，另一侧放步骤①的材料，放上步骤②的水果，撒欧芹和盐。用汤匙搅拌后食用。

🌿 甜菜芭菲配纯素芝士、百香果和开心果

在醋和糖浆中煮红甜菜，然后腌制，让它带点儿酸味，搭配纯素芝士和清新、酸甜的百香果。

材料（易做的量）

甜菜酱
红甜菜…1/2个
红葡萄酒醋…75毫升
覆盆子果醋…25毫升
角豆糖浆…30毫升
水…100毫升
白砂糖…15克
盐…2克

腌甜菜根
甜菜根…1个
腌泡汁
| 白葡萄酒醋…200毫升
| 柠檬汁…20毫升
| 接骨木花糖浆…20毫升
| 水…85毫升
| 砂糖…80克

| 盐…2克

装饰（1人份）
纯素芝士…30克（＞P030）
开心果…3克
百香果…1/4个
特级初榨橄榄油…适量
香葱…适量

做法

甜菜酱
❶ 红甜菜去皮，切成约5毫米见方的块。
❷ 将所有食材放入锅中，小火煮至几乎所有水分都蒸发为止。

腌甜菜根
❶ 甜菜根去皮，横向切成1.5毫米厚的片。
❷ 将腌泡汁的材料放入锅中煮沸，然后冷却。
❸ 将步骤①的材料浸入腌泡汁中腌制约1小时。

装饰
❶ 将腌甜菜根装盘，中间放一部分甜菜酱和纯素芝士，在上面再放一些甜菜酱和对半切的开心果。
❷ 撒上百香果的子，滴橄榄油，撒上切碎的香葱。

⌀ 醋烤茄子配无花果和新鲜黑胡椒

茄子在明火上仔细烘烤，等它变软后，淋上煮过的巴萨米克醋。在新鲜无花果上放着的是浸
过盐水的黑胡椒。吃下一口后，会感受到浓郁的香气中带有水果般的清凉感，还有糖醋茄子
和无花果酸甜的味道。

材料（易做的量）

茄子…1个　　　　　　　　　　微叶菜（欧芹）…适量
无花果…2个　　　　　　　　　特级初榨橄榄油…10毫升
巴萨米克醋…80毫升　　　　　　盐…适量
鲜黑胡椒（盐水浸泡）…3克

做法

❶ 将茄子整个连皮用大火烘烤，将皮烤焦且茄子肉熟透、变软。
❷ 茄子去蒂和皮，切成适口小块。
❸ 将巴萨米克醋倒入锅中，小火煮至浓稠。放入茄子块，裹上香醋，加热约3分钟。
❹ 无花果去蒂，连皮一起切成适口小块。
❺ 将无花果放入碗中捣碎并撒入鲜黑胡椒，放入橄榄油和盐，混合均匀。
❻ 将茄子盛盘，放上步骤❺的材料，用微叶菜装饰。

杂菌汤配大麦和香草

我重新调整了鸡肉汤食谱，改成由大量蘑菇、百里香、薄荷等香草和香味蔬菜制成的汤，味道和香气浓郁。

材料（易做的量）

口蘑…30克
杏鲍菇…20克
蟹味菇…20克
大黑蟹味菇…20克
舞菇…20克
香菇…20克
蒜…2片
特级初榨橄榄油…45毫升

蘑菇汤…100毫升
（以下是易做的量）

香菇碎…200克
蒜…2片
姜…20克
红葱…30克
迷迭香…3根

百里香…3根
欧芹…5根
薄荷…3克
莳萝…3克
热水…300毫升

大麦

大麦…30克
热水…适量
盐…3克

盐…适量
欧芹…适量
莳萝…适量
百里香…适量
墨西哥辣椒…少许
特级初榨橄榄油（装饰）…10毫升

做法

① 将口蘑、杏鲍菇、蟹味菇、大黑蟹味菇和舞菇去根，切成适口小块。香菇切薄片。
② 锅中倒入橄榄油，加入捣成泥的蒜并加热至散发出香味，放入步骤①的材料，不翻动使底部微焦，形成锅巴。
③ 倒入蘑菇汤（后述），小火煮2分钟。
④ 加入大麦（后述），再煮3分钟，加盐调味。
⑤ 将欧芹、莳萝和百里香切碎，墨西哥辣椒切薄片。
⑥ 将步骤④的材料盛入碗中，放入步骤⑤的材料，淋上橄榄油。

蘑菇汤

① 将香菇碎倒入不锈钢锅中。
② 蒜压碎，姜切成较厚的片，与其他食材一起放入锅中。
③ 倒入沸水，盖上保鲜膜，冷却。

大麦

① 将大麦烤香。
② 将大麦、热水和盐（浓度1.1%）放入锅中，小火煮一两个小时，直到大麦变软并有弹性。

鹰嘴豆泥的做法

鹰嘴豆泥在中东地区有很多种食用形式，比如在鹰嘴豆泥中央戳出凹陷，倒入橄榄油。关键是将鹰嘴豆煮至可以用手指碾碎的程度，通过汤汁调节浓稠度。

材料（易做的量）
鹰嘴豆（干）…125克
盐水（浓度0.7%）…适量
白芝麻酱…25克（>P022）
第戎芥末酱…12克
柠檬汁…15毫升
蒜…3克
盐…适量
特级初榨橄榄油…45毫升

做法
❶ 将鹰嘴豆在水中浸泡一整晚。
❷ 将鹰嘴豆放入盐水中煮软后沥干。
❸ 将鹰嘴豆、白芝麻酱、第戎芥末酱、柠檬汁、蒜和盐混合，用搅拌机打成糊。
❹ 食用时添加橄榄油。

🥬 烤茄子泥、烤甜椒泥和鹰嘴豆泥

茄子整个烘烤，连皮一起做成泥会有烟熏味；烤甜椒泥配上烟熏辣椒粉和辣椒片，香气更浓。茄子泥和鹰嘴豆泥都用白芝麻酱或蒜增稠。每种食物的重点都是加入芥末或柠檬汁，使酸味增强。用炭烤面包和鹰嘴豆油煎饼（油炸过的鹰嘴豆粉制成）蘸着食用。

材料

烤茄子泥
长茄子…1个
白芝麻酱…30克（>P022）
第戎芥末酱…20克
柠檬…15毫升
蒜…1克
盐…2克
烤杏仁片…10克

烤甜椒泥
红甜椒…2个
烟熏辣椒粉…8克
辣椒片…少许

柠檬汁…适量
盐…2克
欧芹…适量

鹰嘴豆油煎饼
鹰嘴豆粉…200克
蒜末…1克
水…400毫升
盐…6克

装饰
炭烤面包…适量
鹰嘴豆泥…适量（>左）

做法

烤茄子泥
❶ 将长茄子整个连皮用大火烘烤，直到茄子皮烤焦，且茄子肉熟透、变软。
❷ 茄子去蒂并留下一半茄子皮，切成适口小块。
❸ 将茄子、白芝麻酱、第戎芥末酱、柠檬汁、蒜和盐混合，用搅拌机搅成糊。
❹ 盛入碗中，装饰上烤杏仁片。

烤甜椒泥
❶ 将红甜椒整个连皮直接大火烘烤。
❷ 去皮、去蒂、去子后切成适当大小。
❸ 将红甜椒、烟熏辣椒粉、辣椒片、柠檬汁和盐混合，用搅拌机搅成糊。
❹ 盛入碗中，点缀撕碎的欧芹。

鹰嘴豆油煎饼
❶ 将所有食材放入锅中，用锅铲拌匀，开火加热。过程中不停搅拌，当面团变硬时关火，冷却。
❷ 取出面团，用擀面杖擀成3毫米左右厚的面饼。
❸ 切成三角形，放入180℃的油中油炸。

装饰
用鹰嘴豆油煎饼和炭烤面包蘸烤茄子泥、烤甜椒泥和鹰嘴豆泥食用。

豆腐干意面配开心果青酱

豆腐干是压缩豆腐并去除水分后做成的。将豆腐干切成扁平的意大利面形状,与开心果和罗勒酱混合,最后撒上开心果碎和柠檬皮碎。开心果的坚果味道增强了豆腐干中大豆的美味。

材料(易做的量)
豆腐干*…60克
盐…1撮

开心果青酱
开心果…85克
罗勒…110克
蒜…2克
柠檬皮…5克
特级初榨橄榄油…180毫升
盐…2.5克

灌木罗勒…适量
柠檬皮碎…适量
开心果碎…适量

* 干燥的豆腐,是我国常见的食材,
也有切成丝的豆腐丝。

做法
① 将豆腐干切成面条形。
② 煮一锅沸水,加盐,放入步骤①的材料略煮,沥干水分。
③ 将步骤②的材料与开心果青酱(后述)混合。
④ 将灌木罗勒略焯水,放入冰水里冷却后切成适口大小。
⑤ 将豆腐干意面盛盘,撒上灌木罗勒、柠檬皮碎和开心果碎。

开心果青酱
① 将罗勒快速焯水后沥干。
② 用搅拌机把所有材料打成糊。

烤杂菌配松子芥末酱

当希望用纯素食制作出鸡蛋和乳制品的浓厚感时，坚果就发挥了作用。酱汁是由烤松子仁配以红葱、芥末酱、柠檬汁做成的，非常美味。结合多种烤蘑菇，口感酥脆。

材料（易做的量）

烤杂菌
口蘑…10克
香菇…1/2个
舞菇…10克
大黑蟹味菇…10克
杏鲍菇…1/2个
蒜…1片
百里香…2片
特级初榨橄榄油…20毫升
盐…少许

松子芥末酱
烤松子仁…200克
红葱…8克
第戎芥末酱…50克
墨西哥辣椒…1克
水…适量
柠檬汁…20毫升
盐…2.5克

装饰（1人份）
口蘑…1个
腌柠檬…5克（>P023）
松子仁（生）…适量
特级初榨橄榄油…10毫升

做法

烤杂菌
❶ 将口蘑切成4等份，香菇切薄片，其他蘑菇切掉根部并分成小朵。
❷ 将橄榄油、蒜和百里香放在平底锅中加热，香味散发后加入步骤❶的材料轻轻翻炒，加盐调味。
❸ 将蘑菇平铺在烤盘上，放入烤箱，180℃烘烤5分钟，烤干水分。

松子芥末酱
❶ 将红葱切成小块。
❷ 用搅拌机将所有材料打成泥。

装饰
❶ 将口蘑切薄片，腌柠檬切小块，烘烤松子仁。
❷ 将松子芥末酱抹在盘子上，倒入烤杂菌，撒上步骤❶的材料，并淋一圈橄榄油。

🍃 土豆洋葱玉米饼配亚马孙可可和腌橘子

这道料理的灵感来源于法国的乡土料理阿尔萨斯薄饼，玉米饼上放土豆、洋葱和腌橘子，然后放入烤箱烘烤。酱料是在水中煮过的烤洋葱汁，撒一些可可碎以增加苦味。

材料（易做的量）

玉米饼（市售）…1个　　　　　　腌橘子…3克（>P023）

土豆（小）…1个　　　　　　　　烤洋葱汁…20克（>P114）

洋葱…1/4个　　　　　　　　　　可可碎…10克

做法

❶ 土豆去皮后切丝，洋葱去皮后纵向切薄片，腌橙子切碎。

❷ 将步骤①的材料撒在玉米饼上，放入烤箱，180℃烤制20~30分钟。

❸ 在盘子上淋温热的烤洋葱汁，将烤好的玉米饼切成两半放在盘子上，撒可可碎。

材料（易做的量）
南瓜…1个
豆奶酸奶…50克（>P023）
枫糖浆…15毫升
青柠…1/2个
酸漆树粉…适量
青柠皮丝…适量

烤南瓜配青柠、酸漆树粉 和豆奶酸奶

将南瓜用铝箔纸包好，放入烤箱稍烘烤后抹上枫糖浆，然后180℃再烤3~5分钟，重复5次。用和"烤胡萝卜"（>P142）相同的烘烤方法制作，目的是集中和突出味道。酱料用豆奶酸奶。

做法

❶ 用2层铝箔纸将整个南瓜包裹住，放入烤箱，200℃烘烤2小时，将南瓜肉烤软。

❷ 将烤南瓜分成6等份，去子和皮。

❸ 在南瓜表面刷枫糖浆后再放入烤箱，180℃烘烤3~5分钟。重复此步骤5次。

❹ 在盘子上抹上一层豆奶酸奶，放入烤南瓜和青柠果肉，撒上酸漆树粉和青柠皮丝。

🍂 伯爵茶风味红薯配卡波苏香橙沙拉

用椰奶和杏仁奶煮伯爵茶茶叶，然后将煮熟的红薯压碎后放入。搭配红薯片和卡波苏香橙，再撒些香菜。

材料（易做的量）

红薯（中等大小）…1个	卡波苏香橙…1/2个	辣椒粉…少许
椰奶（未经调整）…150毫升	枫糖浆…5毫升	盐…少许
杏仁奶…100毫升	香菜…适量	
伯爵茶…3克	南瓜子…少许	

做法

① 将300克红薯连皮一起纵向切薄片，然后油炸，撒盐。其余红薯备用。

② 将备用的红薯去皮，切块。

③ 将红薯块放入沸水中，煮至中心变软后倒入漏勺。

④ 将椰奶、杏仁奶和伯爵茶放在小锅中，煮至浓稠后过滤。

⑤ 混合步骤③和步骤④的材料，将红薯压碎，沥干后将红薯泥放入裱花袋中。

⑥ 将步骤⑤的材料、炸红薯脆片和切成薄片的卡波苏香橙分层叠放入盘中。

⑦ 淋一圈枫糖浆，撒香菜、南瓜子和辣椒粉。

❀ 赞岐手延本鹰乌冬面配素酱

素酱是把口蘑、香菇、鹰嘴豆和香味蔬菜切碎后油炸，然后加入番茄酱制作而成的，其鲜美的味道和浓厚的质地超出想象，希望您能够尝试做做看。加入榛子碎可以添加甜味。

材料（1人份）

干面条（赞岐手延本鹰乌冬面*）…
50克

素酱…45克（>P102）

欧芹…适量

黑胡椒…适量

榛子…2颗

特级初榨橄榄油…适量

* 添加濑户内海盐饱群岛的香川本
  鹰辣椒，揉制而成的干乌冬面。

做法

① 在沸水中煮熟干面条，放入漏勺，沥干水分。

② 将橄榄油倒入平底锅中加热，加入面条和素酱拌匀。

③ 将面条和酱料盛盘，撒上切碎的欧芹、黑胡椒和切碎的榛子。

素酱的做法

关键点是大量使用口蘑。将切碎的口蘑油炸上色，突显口感。加入香味蔬菜和番茄酱煮熟，如果小火慢熬，会更加美味。

材料（易做的量）

口蘑…200克	蒜…10克
香菇…50克	红辣椒…2个
鹰嘴豆（水煮）…50克	番茄酱（>P060）…120克
洋葱…50克	牛至（干）…2克
胡萝卜…50克	特级初榨橄榄油…45毫升
茴香…50克	盐…3克

做法

❶ 将切碎的口蘑放入180℃的油中油炸至变色，沥油。

❷ 将切碎的香菇、鹰嘴豆、洋葱、胡萝卜和茴香放入180℃的油中油炸至变成焦茶色，沥油。

❸ 将切碎的蒜和切成两半的红辣椒用橄榄油加热，散发出香气。

❹ 在锅中混合步骤①~步骤③的材料、加入番茄酱和牛至，小火煮约1小时，注意经常搅拌，防止锅底烧焦。加盐调味。如果中间水烧煮干了，请加水。

🪷 莲藕圆子配素酱

这是使用素酱的另一道料理。莲藕圆子是将莲藕在醋水中煮熟，然后切成两种大小的颗粒，再裹上低筋面粉和淀粉做成的。无须揉捏，具有蓬松感。

材料（1人份）

莲藕圆子	装饰（1人份）
莲藕…300克	素酱…50克（>左）
醋（谷物醋）…适量	欧芹…适量
低筋面粉…100克	黑胡椒…适量
淀粉…50克	特级初榨橄榄油…适量
盐…适量	

做法

莲藕圆子

❶ 在沸水中加醋，放入去皮的莲藕，煮三四分钟后倒入漏勺过滤并冷却。

❷ 将一半莲藕切成较小的粒，另一半切成较大粒。

❸ 将步骤②的材料、低筋面粉、淀粉和盐放入碗中混合（不要揉捏）。放入冰箱中静置1小时。

❹ 在案板上撒适量淀粉，放入步骤③的材料，揉成长条形，再切成合适大小。

❺ 在沸水中放入步骤④的材料，煮两三分钟，直至圆子浮上来。

装饰

❶ 将橄榄油倒入平底锅中加热，加入莲藕圆子和素酱翻炒。

❷ 盛盘后撒上切碎的欧芹和黑胡椒。

❀ 松茸饺子配烤蔬菜和香草法式浓汤

饺子馅是翻炒过的松茸、香菇和红葱，饺子皮是自制的。淋在周围的汤汁是用水将烤好的香味蔬菜煮熟，然后添加烤玉米来引出其味道和香气。浓缩的鲜味映衬出了饺子的香气。

材料（易做的量）

松茸饺子
松茸…40克
香菇…20克
红葱…3克
特级初榨橄榄油…适量
盐…适量
饺子皮
  低筋面粉…100克
  高筋面粉…100克
  热水…100毫升
  盐…2克

烤蔬菜和香草法式浓汤
洋葱…1个
胡萝卜…1/2根
芹菜…2根
红葱…3克
玉米…1/2个
迷迭香…1根

装饰（1人份）
松茸（生）…2片
绿柚子皮…少许

做法

松茸饺子
❶ 切碎松茸和香菇。
❷ 将橄榄油倒入煎锅，加入切碎的红葱，加热至散发出香气后倒入步骤①的材料翻炒。松茸和香菇变软后加盐调味。
❸ 用自制的饺子皮包裹步骤②的材料（省略说明）。

烤蔬菜和香草法式浓汤
❶ 切碎洋葱、胡萝卜、芹菜和红葱。
❷ 将步骤①的材料放在烤盘上，放入烤箱，180℃烤至表面微焦。
❸ 将烤好的蔬菜放入锅中，加足量的水（材料外），盖上锅盖煮沸，小火煮30分钟。
❹ 玉米去皮，切薄片，和迷迭香一起放入烤箱中，200℃烤制约20分钟。
❺ 将步骤④的材料放入步骤③中，关火（为了避免玉米中的淀粉让液体变混浊）。
❻ 静置约1分钟。

装饰
❶ 将松茸饺子放入沸水中煮约4分钟，直至浮到水面。
❷ 将烤蔬菜和香草法式浓汤盛入碗中，放入饺子和松茸。将绿柚子皮擦碎，撒在上面。

烤舞菇配蘑菇烤栗子香草酱

将大个舞菇和整头蒜一起放入烤箱，烘烤至香脆可口。搭配的酱料是一种适合秋天的甜酱，它是由烤栗子、口蘑、杏仁奶、雪利酒醋和甜雪利酒做成的，带有香草豆的香气，给人华丽的印象。仅用舞菇和酱汁味道还不够突出，需要撒上带有清爽酸味的芒果粉来代替香料。

材料（易做的量）

舞菇（天然）…1/2棵
蒜…3头
特级初榨橄榄油…30毫升
盐…3克

蘑菇烤栗子香草酱
口蘑…100克
烤栗子（市售）…60克
香草豆…1/4个
杏仁奶…100毫升

雪利酒醋…5毫升
甜雪利酒…10～15毫升
特级初榨橄榄油…适量

欧芹…适量

香料粉
芫荽子…10克
白芝麻…10克
芒果粉…5克

做法

❶ 将舞菇分成几束，将橄榄油涂在横截面上，撒盐。
❷ 将舞菇放在烤盘中，旁边放上整头大蒜（以增添香味），放入烤箱中，180℃烘烤20分钟。
❸ 将蘑菇烤栗子香草酱（后述）抹在盘子上，放入舞菇，撒上切碎的欧芹和香料粉（后述）。

蘑菇烤栗子香草酱
❶ 将口蘑切片，放入平底锅，倒入橄榄油翻炒。
❷ 烤栗子去皮，香草豆去掉豆荚。
❸ 将所有材料放入搅拌机，打成顺滑的酱料。

香料粉
用搅拌机将所有材料打碎。

秋

茄子牛肝菌脆饼配自制哈里萨辣酱

牛肝菌用炭烤后裹粗面粉或玉米粉，茄子面饼的做法和牛肝菌类似。
搭配的哈里萨辣酱由黑胡椒、香料和橄榄油制成。

材料（易做的量）

长茄子…1/2个
牛肝菌（小）…$1\frac{1}{2}$片
玉米淀粉…15克
水…15毫升

面衣（比例）
| 粗面粉…1
| 玉米糊…1
哈里萨辣酱…30毫升（>P022）
特级初榨橄榄油…适量
盐…适量

做法

❶ 将长茄子切成2厘米厚的小块，再切成4等份。
❷ 1片牛肝菌纵向切成两半，其余的纵向切薄片。
❸ 将橄榄油涂抹在切成两半的牛肝菌的其中一半切面上，然后用炭火两面烘烤。
❹ 将玉米淀粉溶化在水中，均匀地抹在茄子和切成两半的牛肝菌的另一半上，
　 然后裹上面衣。
❺ 将步骤❹的材料放入180℃的油中油炸5～7分钟。
❻ 将切薄片的牛肝菌油炸。
❼ 在盘子上抹上哈里萨辣酱，盛入步骤❸和步骤❺的材料，注意让茄子和牛肝
　 菌交替摆放。然后在交替摆放步骤❷中的生牛肝菌片和步骤❻的材料。

秋

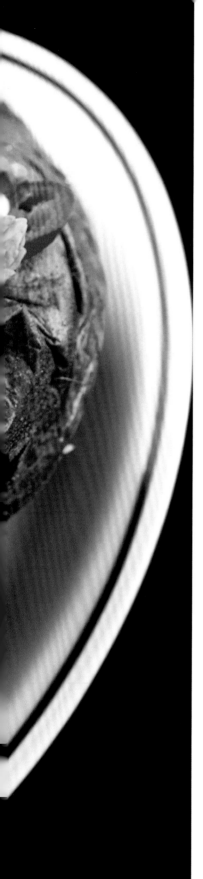

烤甜薯配黑无花果和芥末土豆沙拉

烤红薯里夹的是豆奶酸奶、腌红辣椒和黑无花果。虽然这道料理很容易有饱腹感，但是柑橘汁的酸味、红辣椒的辣味和无花果的水润感让这道料理怎么吃也不会腻。

材料（易做的量）

红薯…1个
豆奶酸奶…30克（>P023）

土豆沙拉…适量
（以下是易做的量）
土豆…2个
红甜椒1/5个
黄瓜…5个
红葱…3克
芥末籽…2克
特级初榨橄榄油…适量
盐…适量

沙拉酱…20毫升
（以下是易做的量）
第戎芥末酱…30克
芥菜籽…50克
柠檬汁…50毫升
橙汁…50毫升
蒜碎…2克
盐…5克

葡萄籽油…100毫升
特级初榨橄榄油…40毫升

黑无花果…1个

腌红辣椒…适量
（以下是易做的量）
红辣椒…100克
腌泡汁
　白葡萄酒醋…60毫升
　苹果醋…60毫升
　水…60毫升
　芫荽子…5克
　月桂…2片
　砂糖…6克
　盐…6克
　黑胡椒粉…3克

薄荷…适量

做法

① 将整个红薯连皮一起放入烤箱，150℃烘烤1小时40分钟～2小时。
② 在红薯中间切一道缝隙，用手轻轻掰开。
③ 在缝隙中涂抹豆奶酸奶，夹入土豆沙拉（后述）。
④ 盛入切成3等份的黑无花果和腌红辣椒（后述）。撒上薄荷和芥末籽（在制作土豆沙拉过程中保留下来的）。

土豆沙拉
① 土豆去皮，切成适当大小的块，放入沸水中煮至心变软。倒掉水，继续加热土豆，使水分蒸发。
② 红甜椒切丝，黄瓜切薄片，分别加盐腌制片刻，然后沥水。红葱切碎。
③ 用橄榄油将芥末籽炒至爆裂，用厨房纸巾擦干油，留一部分作装饰。
④ 将上述所有材料放入碗中，与沙拉酱（后述）拌匀。加盐调味。

沙拉酱
① 在碗中充分混合油以外的材料。
② 加入葡萄籽油和橄榄油，充分搅拌，使其乳化。

腌红辣椒
① 将腌泡汁的材料放入锅中煮沸，冷却。
② 将切成薄片的红辣椒浸入腌泡汁中，放入冰箱中冷却。

✎ 烤百合根配菠菜香草泥

将整个百合根和百里香一起放进180℃的烤箱中烘烤20~30分钟，外脆里香。调味酱是用菠菜、欧芹、薄荷、莳萝、墨西哥辣椒等做成的，带有清爽香味的蔬菜泥。百合根经常用来和乳制品一起做成具有浓厚口感的料理，但是这道菜口味很清淡，嚼劲很足，摆盘也很好看，作为主菜十分合适。

材料（易做的量）

烤百合根
百合根…1个
特级初榨橄榄油…适量
盐…适量

菠菜香草泥
菠菜…40克
欧芹…15克
薄荷…10克

莳萝…10克
蒜…1小块
墨西哥辣椒…3克
特级初榨橄榄油…220毫升
盐…3克

装饰
百里香…2~3根

做法

烤百合根
❶ 用水冲洗净百合根，在表面涂抹橄榄油，撒盐。
❷ 将百合根放入烤箱，180℃烘烤20~30分钟。

菠菜香草泥
❶ 分别将菠菜、欧芹、薄荷和莳萝焯水，放入冰水冷却后沥干水，切成合适的长度。
❷ 用搅拌机将所有材料搅拌成泥。
❸ 将菠菜香草泥盛出，用冰水使其急速降温，防止变色。

装饰
将菠菜香草泥抹在盘子上，放入烤百合根，用在烤箱中加热过的百里香装饰。

烤洋葱汁的做法

洋葱连皮一起放进烤箱里烤，然后加水煮沸，用雪利酒醋增加酸味。洋葱的甜味和烧焦的洋葱皮的香气被浓缩，可以像红酒酱汁一样广泛使用。

材料（易做的量）

洋葱…10个
水…适量
雪利酒醋…30～50毫升
盐…适量
水淀粉…适量

做法

❶ 将洋葱连皮切成两半，切面向下放进烤箱，220℃烘烤30分钟。
❷ 将洋葱和水放入锅中，中火加热至沸腾，煮至水量减少一半左右。
❸ 将水沥干（用长柄勺向下挤压洋葱）。
❹ 在锅中将沥干的洋葱和雪利酒醋混合，加盐调味，用水淀粉调节黏稠度。

炸豆丸子配烤洋葱汁

用鹰嘴豆做的炸豆丸子，甜味更温和。它很有主菜的模样，每块重达60克。酱汁是烤洋葱汁，它是将烤洋葱煮沸，浓缩其味道和香气。这是一道让人联想到秋冬的野味和红酒酱汁的料理。

材料（易做的量）

炸豆丸子
鹰嘴豆（水煮）…200克
洋葱…125克
香菜…10克
蒜…2克
芫荽子…7克
孜然…5克
玉米淀粉…15克
盐…3克

腌珍珠洋葱…2个
（以下是易做的量）
珍珠洋葱（白色、紫色）各5个

腌泡汁
白葡萄酒醋…50毫升
柠檬汁…20毫升
水…20毫升
砂糖…35克
盐…5克

装饰
烤洋葱汁…40克（＞左）

做法

炸豆丸子
❶ 将洋葱和香菜切成适当大小。
❷ 用料理机把步骤①之外的材料打碎，保留一点儿颗粒。
❸ 将步骤②的材料分成每个60克的小块，做成汉堡肉排形状。
❹ 放入180℃的油中油炸两三分钟。

腌珍珠洋葱
❶ 将腌泡汁的材料放入锅中煮沸，冷却。
❷ 将珍珠洋葱去皮，放入腌泡汁中浸泡1小时。

装饰
❶ 将炸豆丸子放在盘中，淋加热过的烤洋葱汁。
❷ 将腌珍珠洋葱切成小块，放在炸豆丸子上装饰。

WINTER

冬

材料（易做的量）

烤甜菜
甜菜…3个
水…适量
盐…适量
红葡萄酒醋…100毫升

调味料
刺山柑花蕾…30克
第戎芥末酱…30克
芥菜籽…50克
雪利酒醋…30毫升
伍斯特郡辣酱油…5毫升
红椒杏仁酱…3毫升
橙皮碎…1/2 个的量
特级初榨橄榄油…50毫升
欧芹碎…2克

脆片
土豆…2个
菊芋…3个
欧防风…1个
盐…适量

装饰
烟熏辣椒粉…适量

❄ 烤甜菜配脆片

用甜菜做出类似于鞑靼牛排（生牛肉碎加调味酱做成的料理）的料理。用红葡萄酒醋加盐煮沸，在100℃的烤箱中加热1小时，与刺山柑花蕾、芥末酱、醋等混合。脆片是由土豆、菊芋和欧防风做成的。

烤甜菜
将甜菜连皮一起放入锅中，加水没过甜菜，加盐（浓度为1%）和红葡萄酒醋，煮沸，将甜菜的心煮软。
甜菜去皮，切成0.8厘米见方的小块。
将甜菜放入烤箱，100℃烘烤1小时。
将甜菜放入碗中，与调味料混合。

脆片
将土豆、菊芋和欧防风连皮一起切薄片。
放入150℃的油中油炸至整体变色。
沥干油并撒盐。

装饰
将烤甜菜盛盘，放上3种脆片。
撒烟熏辣椒粉。

❋ 豆腐藜麦沙拉配热带水果和坚果

将豆腐、被认为是超级食品的杂粮藜麦和百香果混合，然后加入芒果、菠萝和麦片。热带水果的甜味和酸味与酸奶相同。这道料理不仅可以作为早餐，而且还可以作为开胃菜或配菜。

材料（易做的量）

豆腐藜麦沙拉
木棉豆腐…1块
藜麦…20克
百香果…1/2个
特级初榨橄榄油…适量
盐…适量

装饰（1人份）
芒果…1/5个
菠萝…1/10个
格兰诺拉麦片…30克（>P088）
烤松子…适量
薄荷…适量
辣椒片…适量
青柠皮丝…适量

做法

豆腐藜麦沙拉
① 将重物压在豆腐上两三个小时，沥干水分。
② 冲洗藜麦，放入锅中后加水，开大火加热至沸腾，中火煮15~20分钟后倒入滤网过滤并沥干。
③ 将步骤①和步骤②的材料放入碗中，搅碎豆腐。撒上百香果的子，放入橄榄油和盐，混合均匀。

装饰
① 将芒果和菠萝切成适口大小。
② 将芒果和菠萝放在盘子中央，旁边放上豆腐藜麦沙拉，在另一侧放麦片。
③ 将烤松子和切碎的薄荷撒在豆腐藜麦沙拉上。在料理整体上撒辣椒片和青柠皮丝，搅拌后食用。

❄ 胡萝卜法式清汤

将胡萝卜搅拌并过滤，加入柠檬汁、橙汁、角豆糖浆和盐调味。玻璃杯边缘粘上一些芙蓉花粉末，增加一点儿酸味。

材料

胡萝卜法式清汤（易做的量）
胡萝卜…2000克
水…200毫升
柠檬汁…约30毫升
橙汁…约30毫升
角豆糖浆…适量

盐…适量

烤胡萝卜（易做的量）
胡萝卜（橙色、黄色、紫色）…各300克
特级初榨橄榄油…适量
盐…2克

装饰（1人份）
芙蓉花粉末…少许
柠檬草…少许
泰国青柠叶…少许
胡萝卜叶…少许

做法

胡萝卜法式清汤
❶ 将胡萝卜连皮一起放入锅中，加水煮至心变软。
❷ 将胡萝卜放入搅拌机里搅拌，过滤。
❸ 加入柠檬汁、橙汁（每种果汁的量根据胡萝卜的含糖量调整）、角豆糖浆和盐调味。

烤胡萝卜
❶ 胡萝卜去皮，切成半月形（半径为1.5厘米），放到烤盘上。
❷ 抹橄榄油，撒盐，放入烤箱，160℃烘烤20分钟。
❸ 用鸡尾酒水果叉将胡萝卜穿起来，让色彩更丰富。

装饰
❶ 弄湿玻璃杯边缘并抹上芙蓉花粉末。
❷ 将柠檬草和泰国青柠叶切小片，放入玻璃杯中。
❸ 轻轻倒入胡萝卜法式清汤，在玻璃杯边缘放上烤胡萝卜，装饰上胡萝卜叶。

❄ 芹菜根苹果茴香莳萝芥末沙拉

由芹菜根、苹果、茴香根做成的清凉沙拉。芹菜根的微苦、苹果和莳萝的甜味、芥末的辣味
以及杏仁的香气完美结合。

材料（易做的量）

芹菜根…50克　　　　　芥末籽…3克　　　　　　　杏仁片…适量
苹果…50克　　　　　　柠檬汁…15毫升　　　　　 欧芹…适量
茴香根…25克　　　　　特级初榨橄榄油…40毫升　 柠檬皮丝…适量
莳萝…3克　　　　　　　盐…2克

做法

① 芹菜根去皮、切丝，撒盐（材料外）后静置片刻，腌出水后沥干。
② 苹果连皮一起切小块，茴香根纵向切片，莳萝切成2厘米长的条。
③ 将步骤①和步骤②的材料放入碗中，与芥末籽、柠檬汁、橄榄油和盐混合。
④ 将杏仁片放入烤箱中烤至变色。
⑤ 将步骤③的材料盛盘，撒上烤杏仁片、切碎的欧芹和柠檬皮丝。

墨西哥辣椒酱的做法

杏仁里的油分会让酱变得黏稠，它与煮熟的蔬菜搭配非常合适。如果去掉阿斗波酱腌墨西哥辣椒（熏制干辣椒），它就会变成纯素芝士。

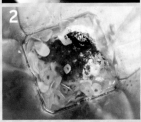

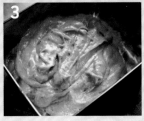

材料（易做的量）

阿斗波酱*腌墨西哥辣椒…15克
蒜…3克
特级初榨橄榄油…40毫升
第戎芥末酱…50克
苹果醋…10毫升
枫糖浆…50毫升
番茄酱…100克
烤杏仁片…25克
青柠汁…30毫升
水…3毫升

* 阿斗波酱在墨西哥主要用于炖菜的调味，用番茄、红辣椒、洋葱、蒜、香草、醋、盐和油等制成。

做法

1 将橄榄油倒入锅中，将切薄片的蒜煎至金黄色。
2 放入阿斗波酱腌墨西哥辣椒、第戎芥末酱、苹果醋和枫糖浆，煮沸后立刻关火。
3 混合所有材料，用搅拌机搅匀。

❄ 白芸豆沙拉配杏仁墨西哥辣椒酱 和爆米花碎

白芸豆、蒜和迷迭香一起煮，然后加入杏仁墨西哥辣椒酱。加入枫糖浆、番茄酱和苹果醋，料理就会带有浓厚的甜辣味。最后撒上爆米花碎和卡津酱，做成一道温暖又美味的料理。

材料（易做的量）

白芸豆沙拉
白芸豆…50克
蒜…1片
迷迭香…5克
水…250毫升（约是白芸豆的5倍）
盐…适量

杏仁墨西哥辣椒酱
杏仁片…25克
墨西哥辣椒酱…3克（>左）
蒜…3克

特级初榨橄榄油…30毫升
第戎芥末酱…50克
番茄酱…100克
枫糖浆…50毫升
苹果醋…10毫升
青柠汁…30毫升

装饰（1人份）
爆米花…3克
卡津酱…适量
黑胡椒…适量

做法

白芸豆沙拉
1 将白芸豆在水中浸泡一晚。
2 将白芸豆、蒜、迷迭香、水和盐放入锅中，煮至白芸豆变软。冷却至室温后捞出白芸豆并沥干。

杏仁墨西哥辣椒酱
1 将杏仁片放入烤箱，170℃烘烤约8分钟。
2 将橄榄油倒入煎锅，油炸切碎的蒜。
3 将所有材料混合，用搅拌机搅拌成泥。

装饰
1 将杏仁墨西哥辣椒酱抹在盘子上，在上面倒白芸豆沙拉。
2 将爆米花捏碎，放入卡津酱和黑胡椒。

❄ 缤纷胡萝卜甜菜

3种颜色的胡萝卜和甜菜，用2种醋、糖浆真空腌制。真空腌制能让料理味道
更好，并且短时间内颜色更鲜艳。烹饪方法与"白桃蜜饯"（>P065）相同。

材料（易做的量）
胡萝卜（橙色、黄色、红色）…各　　水…20毫升
30克　　　　　　　　　　　　　　砂糖…25克
甜菜…30克　　　　　　　　　　　盐…2克
腌泡汁　　　　　　　　　　　　　盐…适量
　白葡萄酒醋…20毫升　　　　　　黑胡椒…适量
　覆盆子果醋…20毫升

做法
❶ 将胡萝卜和甜菜去皮，切薄片。
❷ 混合腌泡汁的材料，充分搅拌，使砂糖和盐溶化。
❸ 将胡萝卜和甜菜分开，胡萝卜再按颜色分开，分别装袋后真空包装，放入冰箱冷藏1小时。
❹ 将步骤③的材料叠放入盘中，撒盐和黑胡椒。

❄ 菜花布格麦塔博勒沙拉配柠檬、酸漆树粉和葡萄干

被磨成粉的硬粒小麦——布格麦具有小麦本身的甜味和劲道、有弹性的口感。用布格麦做成塔博勒沙拉（蒸粗麦沙拉）风格的料理。将生的菜花、红葱、开心果、葡萄干和香草切碎，再与煮熟的布格麦混合，加入青柠汁、橄榄油和盐。作为香料的酸漆树粉和柠檬皮能增强料理的味道和香气。

材料（易做的量）

菜花（中心部分）…60克
布格麦*（细磨）…20克
红葱…5克
柠檬草…5克
香菜…2克
欧芹…2克
开心果…3克

葡萄干…10克
青柠汁…适量
特级初榨橄榄油…适量
盐…适量
酸漆树粉…适量
柠檬皮丝…适量

* 布格麦是将硬粒小麦蒸熟或煮熟后碾磨而得的谷物食品，外皮和胚芽内的膳食纤维和矿物质非常丰富。

做法

❶ 将菜花切碎。
❷ 切碎红葱、柠檬草、香菜和欧芹，开心果和葡萄干略切碎。
❸ 将布格麦放入沸水中煮一两分钟，放入滤网过滤。
❹ 将步骤①～步骤③的材料放入碗中，加入青柠汁、橄榄油和盐。
❺ 盛盘，撒上少许酸漆树粉和柠檬皮丝。

✳ 炖小扁豆和炸抱子甘蓝配开心果、
罗勒和柠檬

这是一道能够让人感受到"味道的层次"的料理。结合了炖小扁豆、
炸抱子甘蓝、开心果、罗勒和腌柠檬。入口时可以感受到不同的味道
和口感，吃起来很有趣。

材料（易做的量）

炖小扁豆
小扁豆…30克
事先煮熟的材料
| 蒜…1片
| 迷迭香…2克
| 盐…适量
| 水…适量
红葱…3克
蒜…1克
迷迭香…少许
特级初榨橄榄油…15毫升

炸抱子甘蓝
抱子甘蓝…40克
盐…适量

装饰（1人份）
罗勒…适量
腌柠檬…适量（>P023）
迷迭香…适量
开心果…适量
柠檬皮丝…适量

做法

炖小扁豆
① 将小扁豆和事先煮熟的材料放入锅中，中火加热至小扁豆变软。
② 静置片刻降温，捞出蒜和迷迭香，将小扁豆放进滤网沥干。
③ 在煎锅中倒入橄榄油、切碎的红葱、蒜和迷迭香，开火加热。香气散发出来
后放入小扁豆，煮至入味。

炸抱子甘蓝
① 将抱子甘蓝最外面的两三片叶子剥去，放在一旁备用。其余部分纵向切成
5毫米厚的片。
② 将步骤①中留下的叶子和抱子甘蓝薄片分别在180℃的油中炸至褐色。
③ 沥油并撒盐。

装饰
① 切碎罗勒，将腌柠檬切成扇形。
② 迷迭香过油炸并沥干油。
③ 烘烤开心果。
④ 在盘子上铺上炖小扁豆，盛入炸抱子甘蓝，在上面放抱子甘蓝叶、步骤
①~步骤③的材料，最后撒上柠檬皮丝。

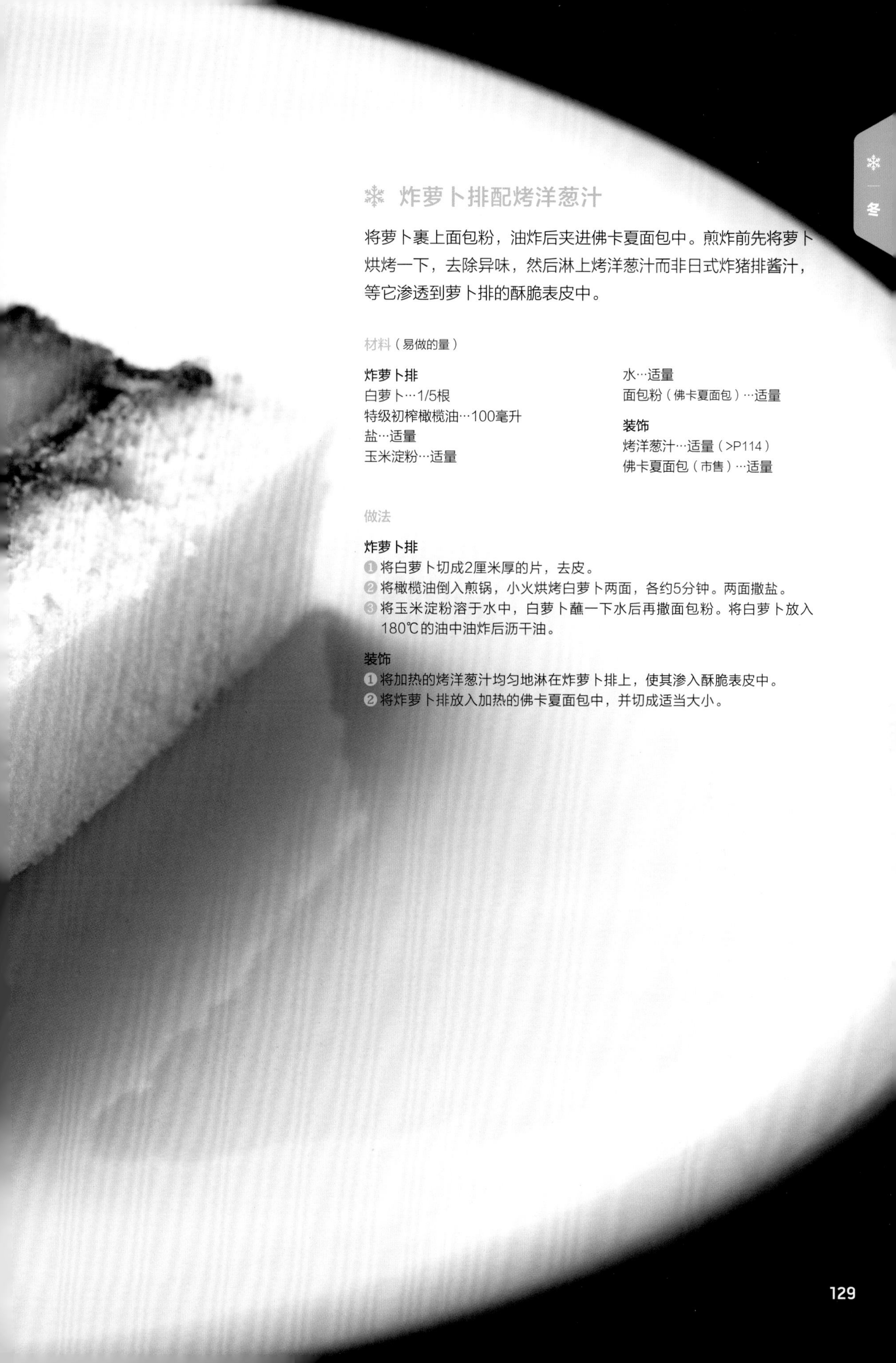

❄ 炸萝卜排配烤洋葱汁

将萝卜裹上面包粉，油炸后夹进佛卡夏面包中。煎炸前先将萝卜烘烤一下，去除异味，然后淋上烤洋葱汁而非日式炸猪排酱汁，等它渗透到萝卜排的酥脆表皮中。

材料（易做的量）

炸萝卜排
白萝卜…1/5根
特级初榨橄榄油…100毫升
盐…适量
玉米淀粉…适量

水…适量
面包粉（佛卡夏面包）…适量

装饰
烤洋葱汁…适量（>P114）
佛卡夏面包（市售）…适量

做法

炸萝卜排
① 将白萝卜切成2厘米厚的片，去皮。
② 将橄榄油倒入煎锅，小火烘烤白萝卜两面，各约5分钟。两面撒盐。
③ 将玉米淀粉溶于水中，白萝卜蘸一下水后再撒面包粉。将白萝卜放入180℃的油中油炸后沥干油。

装饰
① 将加热的烤洋葱汁均匀地淋在炸萝卜排上，使其渗入酥脆表皮中。
② 将炸萝卜排放入加热的佛卡夏面包中，并切成适当大小。

❋ 烧烤味腐竹三明治配凉拌菜丝

在美式烧烤中，手撕烤猪肉通常和凉拌菜丝一起夹在面包中。这道料理将切碎的腐竹与番茄酱、伍斯特郡辣酱油、浓口酱油、枫糖浆和烟熏辣椒粉等一起加热至水分蒸发、出现光泽，然后将腐竹和凉拌菜丝一起夹在面包中。凉拌菜丝的调味料是豆奶酸奶和盐。

材料（易做的量）

烧烤味腐竹
腐竹片（干燥）…10克
番茄酱…30克
伍斯特郡辣酱油…10毫升
浓口酱油…45毫升
苹果醋…10毫升
枫糖浆…40毫升
烟熏辣椒粉…3克
蒜粉…2克
洋葱粉…2克

凉拌菜丝
白菜…250克
紫甘蓝…80克
芹菜…1根
胡萝卜…30克
豆奶酸奶…45克（>P023）
盐…2克

装饰
法棍面包…适量
烟熏辣椒粉…适量

做法

烧烤味腐竹
① 将腐竹片浸入温水中，湿润后沥水。
② 将所有食材放入锅中，中火加热至水分完全蒸发且腐竹散发出光泽。

凉拌菜丝
① 将白菜、紫甘蓝和芹菜切小块，胡萝卜去皮并切成粗丝。在所有材料上撒盐（材料外），然后沥干水。
② 将步骤①的材料放入碗中，加入豆奶酸奶和盐混合。

装饰
① 将法棍面包切成适当大小，横向切成两半。
② 将烧烤味腐竹和凉拌菜丝夹入法棍面包中，撒烟熏辣椒粉。

花生酱的做法

花生酱需要使用功能强大的搅拌机来制作。用烤箱将花生烘烤出油,再用搅拌机充分搅拌。由于不添加水,因此可以常温保存。

材料(易做的量)
花生…250克
日本三温糖…50克
盐…2克
葡萄籽油…50毫升

做法
① 花生去壳、去花生衣,放入烤箱,180℃烘烤10分钟,直到香气浓郁。
② 用搅拌机将所有材料搅拌成光滑的糊(利用搅拌机摩擦来加热,所以需高速旋转)。

❋ 西蓝花米粉饼配花生酱和芥末

将米粉撒在西蓝花上并油炸,再配上与其酥脆口感完全相反的、黏稠的自制酱料(花生酱为底)。花生酱易于制作,与许多食材搭配都很合适,例如根茎类蔬菜和芦笋,所以被广泛使用。

材料(1人份)

西蓝花米粉饼
西蓝花…1/2个
米粉…20克

装饰
花生酱…30克(>左)

第戎芥末酱…30克
柠檬汁…适量
柠檬皮碎…适量
盐…适量
微叶菜(欧芹)…适量

做法

西蓝花米粉饼
① 西蓝花切小朵,用水轻轻冲洗后倒入滤网过滤,然后撒上米粉,吸收水分。
② 将西蓝花放入180℃的油中炸两三分钟,直至表面变成浅褐色。

装饰
① 将花生酱和第戎芥末酱混合均匀。
② 将西蓝花米粉饼放入碗中,加入柠檬汁、柠檬皮碎和盐,稍搅拌。
③ 将步骤①的材料抹在盘子上,放上步骤②的材料,用微叶菜装饰。

❄ 车轮面筋辛辣咖喱配腌红洋葱

辛辣咖喱是印度果阿邦的特色菜，本来是酸猪肉咖喱，有酸味是因为猪肉是用红葡萄酒、红葡萄酒醋、蒜和香料腌制过的。这里是将车轮面筋腌制后油炸做成的，最上面的是腌红洋葱，在葡萄籽油中加热芥末子和肉桂，直到散发出香气，然后放入红洋葱稍翻炒，最后加入柠檬汁和盐入味。

材料（1人份）

车轮面筋辛辣咖喱
车轮面筋…1个
腌泡汁…适量
（以下是易做的量）
| 姜…5克
| 蒜…3克
| 红葡萄酒醋…20毫升
| 意大利香醋…130毫升
| 椰奶（未经调整）…400毫升
| 印度综合香料…3克
| 薄荷…3克
| 盐…2克
| 番茄酱…30克
（以下是易做的量）
| 水煮番茄…2550克

洋葱…1个
胡萝卜…1/2根
芹菜…1根
百里香…3根
特级初榨橄榄油…100毫升
盐…25克
淀粉…适量

腌红洋葱
（以下是易做的量）
红洋葱…1个
芥末籽…2克
肉桂…1/2根
葡萄籽油…20毫升
柠檬汁…30毫升
盐…1克

做法

车轮面筋辛辣咖喱
① 将车轮面筋浸入水中，吸水后挤干。
② 制作腌泡汁。压碎姜和蒜，与其他食材混合（番茄酱后述）。
③ 将车轮面筋浸泡在腌泡汁中30分钟，然后沥干水。
④ 在车轮面筋上撒淀粉，放入180℃的油中油炸。

番茄酱
① 将橄榄油倒入锅中，加入切碎的洋葱、胡萝卜和芹菜，稍翻炒。
② 加入水煮番茄和百里香煮沸，小火煮约30分钟后加盐调味。
③ 用冰水冷却。

腌红洋葱
① 红洋葱去皮，纵向切成2毫米厚的片。
② 将芥末籽、肉桂和葡萄籽油放入煎锅中加热，直至散发香味。
③ 将红洋葱放入锅中稍翻炒，然后加入柠檬汁和盐调味。

装饰
将车轮面筋辛辣咖喱盛盘，放上腌红洋葱。

❄ 炸菜花配白芝麻酱和薰衣草

炸菜花搭配用白芝麻糊和豆奶酸奶组合而成的白芝麻酱，菜花的甜味和香气与酱汁的醇厚和微酸相得益彰。菜花混合着切碎的莳萝和欧芹，最后搭配上薰衣草花蕾和柠檬皮丝，香气倍增。

材料（易做的量）

炸菜花
菜花…80克
红葱…3克
莳萝…2克
欧芹…2克
柠檬皮碎…适量
特级初榨橄榄油…10毫升
盐…适量

白芝麻酱
白芝麻酱…70克（>P022）
水…20毫升
盐…1克

装饰
柠檬皮丝…适量
薰衣草花蕾（干燥）…适量

做法

炸菜花
❶ 将菜花分成小朵，放入180℃的油中炸2分钟。
❷ 切碎红葱、莳萝和欧芹。
❸ 将炸菜花放入碗中，加入步骤❷的材料、柠檬皮碎、橄榄油和盐并轻轻搅拌、混合。

白芝麻酱
将所有材料在碗中混合，用奶油发泡器混合并乳化。

装饰
❶ 将白芝麻酱抹在盘子上，放入炸菜花。
❷ 撒上柠檬皮丝和薰衣草花蕾。

材料（易做的量）
芜菁…2只
圣女果…6～8个
油渍番茄干…30克
腌橘子…20克（>P023）
迷迭香…1克
百里香…1克
茴香子…1克
欧芹…适量
特级初榨橄榄油…30毫升
盐…适量

❋ 芜菁圣女果炖锅

烤芜菁是只有冬天才有的美味。在砂锅中放入圣女果和腌橘子，然后放入烤箱烘烤，其鲜味和酸味衬托出了芜菁的甜味。总共加热1.5小时或更长时间，但是最后10分钟要取下砂锅盖，让底部有点儿变焦，形成锅巴。

做法
❶ 将芜菁连皮切成大块。
❷ 将芜菁、迷迭香、百里香、橄榄油和盐放入砂锅中，盖上盖子，放入烤箱中，170～180℃烘烤40分钟。
❸ 从烤箱中取出砂锅，打开盖子，放入圣女果、油渍番茄干、切碎的腌橘子和茴香子，然后盖上盖子，放入烤箱，170～180℃烘烤20～25分钟。
❹ 取出砂锅，打开盖子，然后将砂锅放回烤箱，170～180℃烘烤10分钟，使食材表面稍微烤焦，变成锅巴。
❺ 取出砂锅，撒上切碎的欧芹，再淋一圈橄榄油（材料外）。

材料（易做的量）

芹菜根排
芹菜根…1/4根
特级初榨橄榄油…45毫升
盐…适量
黑胡椒…适量

菰米和番茄干酱料
菰米…40克
水…220毫升（约为菰米的5倍）
油渍番茄干…15克
红葱…5克
蒜…2克
醋渍刺山柑花蕾…20克
特级初榨橄榄油…适量

装饰（1人份）
欧芹…适量
特级初榨橄榄油…适量
盐…适量

❄ 芹菜根排配菰米和番茄干酱料

将切成3厘米厚的芹菜根用盐和黑胡椒腌制，简单烘烤即可做成一道有气势的主菜。配菜是菰米，具有很高的营养价值，比香米更具香气。用与大米相同的方式煮熟，并与番茄干、红葱、蒜和醋渍刺山柑花蕾混合。番茄干浓缩的鲜味和红葱、蒜的香味融为一体，非常美味，可与芹菜根排互相搭配。

做法

芹菜根排
① 芹菜根去皮，切成3厘米厚的块，两面都划出网格。
② 将橄榄油倒入平底锅中加热，在芹菜根两面撒盐和黑胡椒，小火煎15分钟，直至中心煎熟。

菰米和番茄干酱料
① 用沸水将锅洗净，加入菰米和水煮熟。
② 将油渍番茄干、红葱、蒜和醋渍刺山柑花蕾切碎。
③ 将橄榄油倒入平底锅中加热，放入步骤①和步骤②的材料，混合后稍加热。

装饰
① 将芹菜根排盛盘，放入菰米和番茄干酱料。
② 撒上撕成大片的欧芹，淋一圈橄榄油，再撒盐。

❄ 香芹酱松露欧防风

欧防风的质地与胡萝卜相似，加热后会变甜。将欧防风煮熟后混合欧芹、蒜、松子、面包粉等，再放入烤箱中烘烤了3~5分钟。这道菜中添加了松露，使其拥有高档餐厅料理的华丽。

材料（易做的量）

欧防风…1¹/₂根

香芹酱
欧芹…5克
蒜…3克
红葱…3克
松子…4克
松露（冷冻）…10克

面包粉…100克
盐…3克
特级初榨橄榄油…60毫升

第戎芥末酱…20克
特级初榨橄榄油…适量
盐…适量

做法

❶ 在沸水中加盐（浓度为0.5%~0.8%）。将欧防风连皮一起放入盐水中，煮至中心变软。

❷ 将欧防风纵向切成两半，在横截面上抹第戎芥末酱和香芹酱（后述），淋橄榄油，放入烤箱，180℃烘烤3~5分钟。

❸ 将欧防风放在案板上，撒盐。

香芹酱

❶ 切碎欧芹、蒜、红葱、松子和松露。

❷ 将所有食材放入碗中混合。

烤胡萝卜的做法

在胡萝卜上抹柠檬汁和橙汁，放进烤箱中烘烤，不仅能增强胡萝卜的味道和香气，还可以增添果汁的甜味。"烤南瓜"（>P099）也使用了相同的方法。

材料（易做的量）

胡萝卜（橙色、黄色、紫色）…5根	柠檬汁…1个的量
蒜…1/2个	橙汁…1个的量
迷迭香…3根	砂糖…适量
百里香…5根	盐…适量
	特级初榨橄榄油…60毫升

做法

① 在沸水中加入砂糖和盐（浓度均为约1%。根据胡萝卜的含糖量进行调整）。

② 胡萝卜去皮，放入步骤①的锅中，小火煮45分钟，直到胡萝卜心煮熟。

③ 将胡萝卜纵向切成两半，切面朝上放到烤盘上，旁边放切碎的蒜、迷迭香和百里香。

④ 在胡萝卜的切面上刷柠檬汁和橙汁，淋上橄榄油。把榨完汁剩下的柠檬和橙子放到烤盘上（用于增香），放入烤箱中，160℃烘烤30分钟。

⑤ 取出烤盘，将柠檬汁和橙汁刷在胡萝卜的切面上。放入烤箱，130℃烘烤30分钟（当水分完全蒸发，底部带一点儿锅巴时即可）。

❄ 烤胡萝卜配红辣椒杏仁酱和酸漆树粉

煮过的胡萝卜纵向切成两半，抹上柠檬汁和橙汁，160℃烘烤30分钟，然后再次抹上果汁，130℃再烘烤30分钟。胡萝卜水分蒸发后味道浓缩，搭配柑橘的甜味和酸味，美味倍增。口味浓厚的红辣椒杏仁酱是用红辣椒、黄瓜、大葱、墨西哥辣椒、杏仁和橄榄油等制成。这是一道可以被作为招牌菜的料理。

材料（易做的量）

烤胡萝卜…适量（>左）	百里香…适量
红辣椒杏仁酱…适量（>P022）	酸漆树粉…适量
杏仁片（生）…适量	盐…适量
胡萝卜叶…适量	

做法

① 将红辣椒杏仁酱抹在盘子上，放上烤胡萝卜。

② 用烤过的杏仁片、胡萝卜叶和在烤箱中加热过的百里香装饰，撒少许酸漆树粉和盐，再放些油炸过的胡萝卜叶。

❄ 菜花排配自制哈里萨辣酱和香料

这道料理和"烤胡萝卜配红辣椒杏仁酱和酸漆树粉"（>P142）一样，是一道希望大家记住的经典主菜。大而饱满的菜花配上大量的橄榄油，连同平底锅一起放入烤箱。等菜花心也被烤熟后，从烤箱取出并开火加热，再加入红葱、蒜、豆蔻、杜松子碎、芫荽子和丁香，使橄榄油的香气散发出来。最后，在菜花上淋橄榄油，进一步加热并增添香味。酱料是源于北非的辛辣调味料哈里萨辣酱。这是一道融合了各种文化的纽约风格料理，各种香料的香气交叠。

材料（易做的量）

菜花…1/2个	杜松子碎…2
特级初榨橄榄油…80毫升	芫荽子…1
红葱…10克	丁香…少许
蒜…3克	哈里萨辣酱…适量（>P022）
混合香料…3克（比例）	欧芹…适量
豆蔻…4	盐…适量

做法
① 选择大而饱满的菜花，纵向切成两半。
② 将菜花切面朝下放入煎锅（能在烤箱中使用）中。倒入橄榄油，没过菜花的切面。
③ 中火加热，使菜花表面变成褐色。翻面，使两面都上色。
④ 菜花切面朝上，将整个煎锅放入烤箱，180℃烘烤10分钟，直到中心被烤熟。
⑤ 将煎锅从烤箱中取出并放在火上，中火加热，放入切碎的红葱和蒜，香气散发出来后添加混合香料。
⑥ 当香料的香气散发出来后，在菜花表面淋橄榄油。
⑦ 盛盘后放入哈里萨辣酱、欧芹和盐。

DESSERT & DRINK

甜品和饮料

🧁 甜酒和干果卡萨塔

卡萨塔是一种意大利甜点，有很多种做法，这里做成了冰淇淋蛋糕形，通常是由意大利乳清芝士、鲜奶油、坚果和干果做成，这里使用甜酒和豆奶奶油来代替乳制品。关键点是将甜酒和蔗糖混合时加入葛粉并加热，通过其浓厚感来表现出奶油般的丝滑。

材料（易做的量）
甜酒…600毫升
豆奶奶油…1000毫升
蔗糖…160克
葛粉…45克
杏干…350克
蔓越莓干…350克
开心果…250克
薄荷…30克

调味料
大米糖浆*（市售）…200克
开心果…100克

* 将大米水解以提取大米的甜味，尝起来像甜酒。

做法
❶ 将甜酒、蔗糖和葛粉放入锅中，中火加热，用锅铲搅拌，加热至变黏稠。
❷ 稍切碎杏干、蔓越莓干、开心果和薄荷。
❸ 将步骤①和步骤②的材料与豆奶奶油一起放入碗中，搅拌均匀。
❹ 倒入模具中降温，放进冰箱冷却并使其变硬。

调味料
混合所有材料，用搅拌机打成顺滑的酱。

🍮 椰子菠萝蛋糕挞

这道甜点的创作灵感来源于台湾特色小吃凤梨酥。蛋糕部分的面团和"腌圣女果挞"（>P067）相同，这种由椰丝和椰奶制成的挞皮味道浓郁、口感酥脆，非常美味。

材料（1人份）
椰子挞皮…15克（>P067）

菠萝馅…20克
（以下约为25人份）
菠萝…2个
砂糖…占去皮菠萝重量的10%
玉米淀粉…30克
水…30毫升（与玉米淀粉等量）

装饰（1人份）
菠萝…适量
葡萄籽油…适量
椰丝…适量

椰子奶油…50克
（以下是易做的量）
罐装椰奶（未调整）…50毫升
蔗糖…50克
盐…1克

菠萝脆片…1个
（以下是易做的量）
菠萝…1个
糖浆…适量
（比例）
砂糖…1
水…2

做法
❶ 用擀面杖将椰子挞皮擀成直径6厘米的圆形，放入菠萝馅（后述），包好。
❷ 将步骤①的材料放进模具（4.5厘米×4.5厘米×2.5厘米）中定形。
❸ 烤盘上铺烘焙纸，摆上面团，然后放入烤箱，165℃烘烤6分钟后取出，翻面，再烤4分钟。
❹ 取下模具，冷却。

菠萝馅
❶ 菠萝去皮，切成适口小块。
❷ 将菠萝、砂糖、玉米淀粉（根据喜欢的黏度调整用量）和水倒入锅中，中火加热。用锅铲搅拌，水分全部蒸发后停止加热，冷却。
❸ 分成每份约20克，用手滚圆。

装饰
❶ 菠萝去皮和心，切成1厘米见方的块。
❷ 将葡萄籽油抹在盘子上，撒上椰丝。
❸ 将椰子菠萝蛋糕挞放到盘子上，倒上椰子奶油（后述），装饰菠萝脆片（后述），周围放菠萝块。

椰子奶油
❶ 打开罐装椰奶，仅取出分离出的固体部分（不使用固体以外的部分）。
❷ 加入蔗糖和盐，用奶油发泡器搅拌入空气，直到质地变光滑。
❸ 放入冰箱中直到其变硬。

菠萝脆片
❶ 菠萝去皮和心，在冰箱中冷冻至半冷冻状态。
❷ 将菠萝切成1毫米厚的片。
❸ 在糖浆中浸泡10分钟，沥干。
❹ 将烘焙纸铺在烤盘上，摆上菠萝片，放入烤箱，80℃烘烤6~8小时，使其干燥。

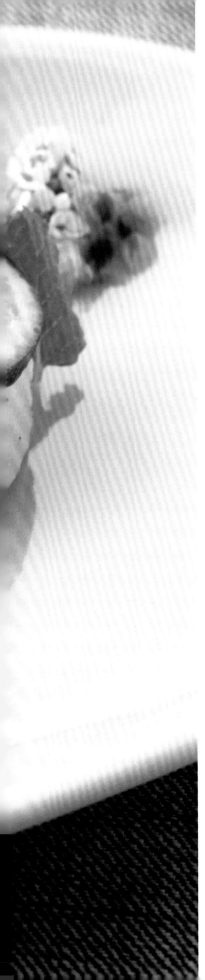

🧁 纯素芝士蛋糕

这里的纯素芝士是由腰果做成的，加入杏仁奶和椰奶增稠，并加入香草以增添香气。刚刚好的光滑感是由植物增稠剂——琼脂做成的，琼脂也可代替柠檬汁用于调味。

材料（易做的量）

纯素芝士蛋糕
纯素芝士…150克（>P030）
琼脂…15克
蔗糖…15克

杏仁奶…100毫升

椰子奶油…50克
（以下是易做的量）
椰奶（未调整）…50毫升
蔗糖…50克
盐…1克

角豆糖浆…60毫升
香草豆…1/4个
青柠汁…30毫升
盐…1.5克

酥皮碎屑
低筋面粉…50克
发酵粉…2克
蔗糖…30克
葡萄籽油…25毫升
青柠皮碎…1片的量

青柠果冻
青柠汁…50毫升
接骨木花糖浆…30毫升
琼脂…3克
蔗糖…30克

装饰（1人份）
百香果…适量
青柠…1片
鼠尾草花…适量
薄荷…适量

做法

纯素芝士蛋糕
① 将纯素芝士放入锅中，小火加热至约40℃。
② 将琼脂和蔗糖放入碗中，搅拌均匀。
③ 将杏仁奶、椰子奶油（后述）、角豆糖浆、香草豆、青柠汁和盐放入另一锅中充分混合，然后加入步骤②的材料充分搅拌。中火加热至85℃。
④ 关火后加入纯素芝士，混合均匀。
⑤ 倒入模具中冷却，放入冰箱直至变硬。

椰子奶油
① 打开罐装椰奶，仅取出分离出的固体（不使用固体以外的部分）。
② 加入蔗糖和盐，用奶油发泡器搅拌入空气，直到质地变光滑。
③ 放入冰箱中直至其变硬。

酥皮碎屑
① 将所有材料放入碗中搅拌均匀，用手碾碎。
② 将步骤①的材料放在烤盘上铺平，放入烤箱中，170℃烘烤。每三四分钟取出来翻动一下，避免发生烘烤不均匀的情况，共烤制10分钟。

青柠果冻
① 将琼脂和蔗糖放入锅中，搅拌均匀。
② 加入青柠汁和接骨木花糖浆，搅拌均匀，大火煮沸。
③ 倒入大容器中，厚度约为3毫米，冷却后放入冰箱，直至变硬。

装饰
① 用直径5.5厘米的圆环模具给纯素芝士蛋糕塑形。
② 将蛋糕盛盘，在上面和周围添加酥皮碎屑。
③ 用勺子将青柠果冻压碎，撒在蛋糕和酥皮碎屑上。
④ 撒百香果的子。
⑤ 将青柠放在蛋糕上，用鼠尾草花和薄荷装饰。

🧁 亚马孙可可慕斯

这道慕斯里使用的亚马孙可可是从秘鲁生产商处直接进口的，成分只有可可和矿泉水。因此，从这道甜点可以品尝到亚马孙可可本身的美味。用奶油发泡器轻轻搅动慕斯，使其和空气混合，口感轻柔，会惊艳众人。

材料（易做的量）

亚马孙可可慕斯
可可块（不含牛奶脂肪，可可含量为70%的巧克力）…150克
矿泉水…100毫升

装饰（1人份）
可可碎…适量
可可粒…适量

做法

亚马孙可可慕斯
❶ 用刨丝器将可可块刮成碎屑，放入碗中（如果使用巧克力，需要细磨）。
❷ 将沸腾的矿泉水倒入碗中，用奶油发泡器搅拌，让可可（巧克力）完全溶化。
❸ 将碗放入冰水中，搅拌入空气，直到完全冷却。
❹ 倒入容器中，放入冰箱静置2小时。

装饰
❶ 用两把汤匙将亚马孙可可慕斯做成椭圆形，盛入盘中。
❷ 撒上可可碎和可可粒。

🍰 西瓜角豆可丽饼

角豆的味道类似巧克力和可可。烘烤混合了角豆粉的面团做出可丽饼，混合纯素芝士、豆奶奶油和添加角豆糖浆的调味料。不放鸡蛋可丽饼会很淡，可以用鹰嘴豆粉补充味道。

材料（1人份）

可丽饼…1个
（以下是易做的量）
高筋面粉…40克
低筋面粉…50克
鹰嘴豆粉…20克
角豆粉…20克
发酵粉…3克
蔗糖…20克
盐…1克

杏仁奶…250毫升
葡萄籽油…适量

纯素豆奶酱…适量
（以下是易做的量）
纯素芝士…150克（>P030）
豆奶奶油…40毫升
角豆糖浆…45毫升
柠檬汁…10毫升

装饰
西瓜（红色、黄色）…适量
角豆糖浆…适量
腰果…适量
薄荷…适量
辣椒粉…少量

做法

可丽饼
❶ 将所有粉类、蔗糖和盐放入碗中混合。倒入杏仁奶，用奶油发泡器搅拌均匀后放入冰箱，静置1小时。
❷ 平底锅薄涂一层葡萄籽油，倒入步骤❶的材料，小火烘烤两面。

纯素豆奶酱
将所有食材放入碗中，混合均匀。

装饰
❶ 可丽饼上抹纯素豆奶酱。
❷ 将可丽饼折成六边形，放在盘子上。
❸ 根据六边形的大小将西瓜切成三角形，放在上面。
❹ 淋一圈角豆糖浆，装饰上切碎的腰果和薄荷，撒辣椒粉。

车轮面筋杏仁奶油法式吐司

车轮面筋是用小麦粉和水混合制成面筋，然后烘烤而成的。将车轮面筋浸泡在杏仁奶、利口杏仁酒的混合物中一整夜，然后在煎锅中烘烤。奶油是杏仁奶、椰子奶油、杏仁粉等的混合物，并加入了黑香豆以增添香味。车轮面筋和奶油的甜味都是因为添加了角豆糖浆。这道甜点里含有纯素食主义者菜单里罕见的百分百浓厚感，美味令人满足。

材料（1人份）

车轮面筋法式吐司
车轮面筋…2个
杏仁奶…240毫升
角豆糖浆…30毫升
利口杏仁酒…30毫升
玉米淀粉…10克
烤杏仁碎…30克
葡萄籽油…适量

杏仁奶油…适量
（以下是易做的量）
杏仁奶…240毫升
角豆糖浆…120毫升
杏仁粉（烤）…240克
玉米淀粉…30克
黑香豆…1个

椰子奶油…240克
（以下是易做的量）
椰奶（未经调整）…150克
蔗糖…150克
盐…3克

覆盆子果酱…适量
（以下是易做的量）
覆盆子果泥…300克
砂糖…100克
柠檬汁…15毫升

装饰
覆盆子…6个
黑莓…6个
蓝莓…10个
烤杏仁片…适量

做法

车轮面筋法式吐司
❶ 将杏仁奶、角豆糖浆、利口杏仁酒和玉米淀粉放入碗中，搅拌均匀后加入烤杏仁碎。
❷ 将车轮面筋浸入水中，完全湿润后用力挤干水，放入步骤①的材料中浸泡一晚，然后沥干。
❸ 加热煎锅，滴入葡萄籽油，放入车轮面筋，两面烘烤。

杏仁奶油
❶ 将杏仁奶、角豆糖浆、杏仁粉、玉米淀粉、黑香豆和椰子奶油（后述）放入锅中，中火加热。
❷ 用奶油发泡器搅拌（以免结块），当其变得与卡仕达酱一样硬时停止加热，拣出黑香豆。

椰子奶油
❶ 打开罐装椰奶，仅取出分离出的固体（不使用固体以外的部分）。
❷ 用奶油发泡器搅拌入空气，直到变光滑为止。
❸ 放在冰箱中直到其变硬。

覆盆子果酱
❶ 将覆盆子果泥和砂糖放入锅中，用锅铲搅拌，加热至所需硬度。
❷ 加入柠檬汁以增强口感。

装饰
❶ 将覆盆子果酱夹入车轮面筋法式吐司中。
❷ 将覆盆子果酱抹在盘子上，放上法式吐司。
❸ 将覆盆子、黑莓、蓝莓和烤杏仁片放在法式吐司中心的圆洞中。

席拉布是什么?

　　席拉布是将浸泡过水果和香草的醋，与酒精或碳酸水混合而成的饮料。这里介绍的制作席拉布的醋糖浆是将水果、果汁或果泥、香草与苹果醋、白葡萄酒醋和白砂糖混合而成的。

　　在美国禁止饮酒时期，它作为代替酒精的饮料非常流行。现在它也经常与苏打水一起用作酒精替代饮料。

　　醋糖浆可以用时令水果和各种草药制成。除饮用外，它也可作为菜肴和甜点的调味料。

　　本书中的5种席拉布都是通过向每种醋糖浆中添加苏打水做成的。

血橙席拉布

醋糖浆是血橙汁、苹果醋和白葡萄酒醋的混合物。加入在糖浆中煮过的血橙皮，最后撒上辣椒片就完成了。

材料（易做的量）

血橙醋糖浆
血橙…8个
苹果醋…150毫升
白葡萄酒醋…50毫升
砂糖…125克

糖浆煮血橙皮
血橙…4个
砂糖…100克
水…100毫升

装饰
苏打水*…醋糖浆4倍的量
辣椒片…少许

* 苏打水可以添加像杜松子酒和伏特加这类的酒精。

做法

血橙醋糖浆
❶ 将血橙果肉榨汁。
❷ 将所有食材放入碗中混合，使砂糖完全溶化。放入消毒过的容器中（可冷藏保存1周）。

糖浆煮血橙皮
❶ 用削皮器削下血橙皮，把皮切丝。
❷ 将血橙皮丝放入沸水中煮沸2次。
❸ 在另一个锅中倒入砂糖和水，放入血橙皮丝煮约30分钟。

装饰
❶ 在玻璃杯中倒入血橙醋糖浆，加冰块。
❷ 加入苏打水稀释，并放上糖浆煮血橙皮，撒辣椒片。

🍺 大黄覆盆子席拉布

在苹果醋和砂糖中煮沸大黄和覆盆子，并加入柠檬汁。上面添上一两片柠檬和青柠，增加酸味和香味。

材料（易做的量）

大黄覆盆子醋糖浆
大黄…500克
覆盆子…250克
苹果醋…150毫升
砂糖…225克
柠檬汁…75毫升

装饰（1人份）
苏打水…醋糖浆4倍的量
柠檬…1/2片
青柠…1/2片

做法

大黄覆盆子醋糖浆
❶ 将大黄和覆盆子切成适口小块。
❷ 将步骤①的材料、1/2苹果醋和砂糖放入锅中，中火加热45分钟。变成蓬松的酱后关火。
❸ 将剩余的苹果醋和柠檬汁倒入锅中，充分混合。放入消毒过的容器中（可冷藏保存1周）。

装饰
❶ 将大黄覆盆子醋糖浆倒入玻璃杯中，加冰块。
❷ 用苏打水稀释，并加入柠檬和青柠片。

🍺 生姜菠萝席拉布

菠萝的甜味和姜的辣味令人印象深刻，搭配酸漆树粉、墨西哥辣椒和百里香，非常和谐。

材料（易做的量）

生姜菠萝醋糖浆
菠萝…500克
子姜…100克
白葡萄酒醋…150毫升
砂糖…130克
柠檬汁…50毫升

装饰（1人份）
苏打水…醋糖浆4倍的量
酸漆树粉…适量
墨西哥辣椒…2片
百里香…适量

做法

生姜菠萝醋糖浆
❶ 菠萝和子姜分别去皮，切小块。
❷ 将所有材料放入锅中，煮沸后用小火煮10～15分钟。
❸ 搅成泥后放入消毒过的容器中（可冷藏保存1周）。

装饰
❶ 将玻璃杯边缘润湿并撒上酸漆树粉，倒入生姜菠萝醋糖浆，加冰块。
❷ 用苏打水稀释，加墨西哥辣椒片，再放入百里香。

🎩 百香果墨西哥辣椒席拉布

这款饮料可以闻到墨西哥辣椒恰到好处的烟熏香味，爆浆的百香果子也很有趣。

材料（易做的量）

百香果墨西哥辣椒醋糖浆
百香果泥（冷冻）…500克
墨西哥辣椒…3克（1小个）
苹果醋…100毫升
砂糖…250克

装饰（1人份）
苏打水…醋糖浆4倍的量
百香果…1/2个
罗勒…适量

做法

百香果和墨西哥辣椒醋糖浆
❶ 将所有材料（墨西哥辣椒要切碎）放入锅中，小火煮至黏稠。
❷ 用滤网过滤，放入消毒过的容器中（可冷藏保存1周）。

装饰
❶ 将百香果墨西哥辣椒醋糖浆倒入玻璃杯中，加冰和百香果子。
❷ 用苏打水稀释，放入罗勒。

🎩 蜜瓜柠檬草席拉布

这里的醋糖浆是用柠檬草、泰国青柠叶和白葡萄酒醋做成的，和蜜瓜一起做成果泥，然后放入玻璃杯中。温和的甜味和东方特色的香气重叠在一起。

材料（易做的量）

柠檬草醋糖浆
柠檬草…60克
泰国青柠叶…15克
白葡萄酒醋…140毫升
砂糖…80克
水…50毫升

装饰（1人份）
苏打水…醋糖浆4倍的量
蜜瓜果肉…500克
柠檬草…适量

做法

柠檬草醋糖浆
❶ 将柠檬草和泰国青柠叶切成适当大小。
❷ 用搅拌机将所有材料搅拌成泥，放入消毒过的容器中（可冷藏保存1周）。

装饰
❶ 用手动搅拌机将蜜瓜果肉和柠檬草醋糖浆制成粗糙果泥。
❷ 将果泥和冰块放入玻璃杯中，用苏打水稀释，装饰上柠檬草。

图书在版编目（CIP）数据

纯素食料理创意制作 /（日）米泽文雄著；周浅芒泽. —北京：
中国轻工业出版社，2021.3

ISBN 978-7-5184-3366-7

Ⅰ.① 纯… Ⅱ.① 米… ② 周… Ⅲ.① 素菜 – 菜谱
Ⅳ.① TS972.123

中国版本图书馆 CIP 数据核字（2020）第 273172 号

责任编辑：胡　佳　　责任终审：张乃东　　整体设计：锋尚设计
责任校对：朱燕春　　责任监印：张京华

出版发行：中国轻工业出版社（北京东长安街6号，邮编：100740）

印　　刷：北京博海升彩色印刷有限公司

经　　销：各地新华书店

版　　次：2021年3月第1版第1次印刷

开　　本：787×1092　1/16　印张：10

字　　数：200 千字

书　　号：ISBN 978-7-5184-3366-7　定价：68.00元

邮购电话：010-65241695

发行电话：010-85119835　传真：85113293

网　　址：http://www.chlip.com.cn

Email：club@chlip.com.cn

如发现图书残缺请与我社邮购联系调换

200209S1X101ZYW